中国电子教育学会高教分会推荐
普通高等教育电子信息类"十三五"课改规划教材

Java实用教程

主　编　靳宗信　郑良仁
副主编　李志民　朱　强　樊红娟

西安电子科技大学出版社

内容简介

本书系统介绍了Java语言的基本概念、基本语法和编程方法，较详尽地阐述了Java语言的各知识点。本书主要包括方法和数组、访问控制、系统常用类、继承和多态、成员的初始化、抽象类和接口、内部类、异常处理和断言、多线程、输入/输入、Java Swing、网络编程、泛型、集合、数据库操作等内容。

书中每个知识点都配有案例程序，这些程序都经过 Eclipse 编译且正确运行。

本书可作为高等院校计算机类相关专业、电子信息类专业、通信类专业及其他专业的 Java 程序设计课程的配套教材，也可作为大中专院校、成人高校、计算机类培训机构的配套教材，还可作为自学者和软件开发人员的参考用书。

图书在版编目(CIP)数据

Java 实用教程/靳宗信，郑良仁主编. 一西安：
西安电子科技大学出版社，2016.8(2025.7 重印)
ISBN 978 - 7 - 5606 - 4171 - 3

Ⅰ. ① J…　Ⅱ. ① 靳… ②郑　Ⅲ. ① JAVA 语言—程序设计
一高等学校一教材　Ⅳ. ① TP312

中国版本图书馆 CIP 数据核字(2016)第 176454 号

策　　划　刘小莉
责任编辑　马武装
出版发行　西安电子科技大学出版社(西安市太白南路 2 号)
电　　话　(029)88202421　88201467　　邮　　编　710071
网　　址　www.xduph.com　　电子邮箱　xdupfxb001@163.com
经　　销　新华书店
印刷单位　咸阳华盛印务有限责任公司
版　　次　2016 年 8 月第 1 版　2025 年 7 月第 6 次印刷
开　　本　787 毫米×1092 毫米　1/16　印张 16.5
字　　数　389 千字
定　　价　38.00 元
ISBN 978 - 7 - 5606 - 4171 - 3
XDUP　4463001 - 6

* * * 如有印装问题可调换 * * *

前　言

Java语言是非常优秀的面向对象程序设计语言，不仅可以用于开发桌面应用程序、Web应用程序，还可以用于开发Android APP，现在已经成为全球最受程序员欢迎的程序设计语言。本书作者有着十几年的Java开发经验，书中例题都是经过作者深思熟虑、精心设计的，既能帮助读者理解知识点，同时又能启发读者，达到举一反三的效果。

本书共24讲，主要介绍了Java的基本语法、方法和数组、面向对象基础、访问控制、系统常用类、继承和多态、成员的初始化、抽象类和接口、内部类、异常处理和断言、多线程、输入/输出(I/O)、Java Swing、网络编程、泛型、集合、数据库操作等内容，基本涵盖了Java基础中的所有知识点。

第1讲介绍了Java的历史、作用和重要性，并对开发环境的安装和配置进行了详细的讲解。第2讲和第3讲是Java的基本语法介绍，包括标识符、关键字、各种运算符、流程控制等知识点。第4讲首先讲述了数组的创建和使用，包括一维数组和二维数组，其次介绍了方法的调用、参数的传递和方法的重载。第5讲主要介绍了面向对象程序设计、类的创建和对象的引用。第6讲介绍的是包和访问权限修饰符。第7讲和第8讲讲述了系统常用类，包括Scanner类、字符串、数据包装类、日期和时间类、格式化输出类、Math类、Class类等。第9讲是面向对象程序设计中的重点和难点，讲述了组合和继承的基本语法，super关键字和final关键字的用法，以及向上转型和动态绑定等比较难理解的概念。第10讲主要对类中成员变量的初始化方法和顺序进行了讨论。第11讲讲述了抽象类、抽象方法以及接口的性质。第12讲介绍的是有关内部类的相关知识，包括成员类、局部内部类、匿名内部类和静态内部类等内容。第13讲主要是对Java中的异常处理机制以及断言的讲解。第14讲和15讲主要讲述了Java中的多线程机制，包括多线程的实现、创建线程池、线程的调度、访问冲突、线程间的协作以及死锁等内容。第16讲和第17讲介绍了Java的输入/输出，包括File类的使用、流的概念、字节流和字符流、文件的随机存取、标准输入/输出、对象的序列化和反序列化等内容。第18讲到第20讲是Java Swing部分，包括各种容器及容器的布局管理，各种基本的组件及组件的事件处理，每个示例程序都是经过作者精心挑选的。第21讲介绍的是有关网络编程的知识，包括InetAddress类、URL类、URLConnection类、Socket通信和无连接的数据报等内容。第22讲、23讲主要讲述的是泛型和集合，包括自定义泛型类、泛型接口、泛型方法、受限的泛型、通配泛型、集合框架和Map等内容，并比较了规则集、线性表和队列等的性能。第24讲介绍的是Java的数据库操作，包括对 JDBC 和数据库操作步骤的讲解，并以一个完整的例子说明了如何使用 Java 对数据库中的数据进行增、删、改、查操作。

本书由黄河科技学院的靳宗信老师和郑良仁老师担任主编，中原工学院信息商务学院的李志民老师、朱强老师和河南省劳动干部学校的樊红娟老师担任副主编。书中全部案例都经过 Eclipse 编译并正确运行。有兴趣的读者可以向编者索取源代码和课件，编者邮箱：jinzongxin@163. com。

由于编者水平有限，书中难免有不足之处，欢迎广大读者批评指正。

编　者

2016 年 4 月

目　录

第 1 讲　Java 入门 …… 1

1.1　Java 的历史 …… 1

1.2　Java 的用处 …… 2

1.3　Java 开发环境的安装和配置 …… 3

1.3.1　JDK＋EditPlus …… 3

1.3.2　配置环境变量 …… 6

1.3.3　集成开发环境(IDE) …… 7

1.4　第一个 Java 程序 …… 7

1.5　Java 程序的开发过程 …… 9

1.6　怎么学好 Java …… 9

1.7　本讲小结 …… 10

课后练习 …… 10

第 2 讲　Java 基本语法(一) …… 11

2.1　标识符和关键字 …… 11

2.2　基本数据类型 …… 12

2.3　变量和常量 …… 13

2.3.1　变量 …… 13

2.3.2　定名常量 …… 13

2.3.3　直接常量 …… 14

2.3.4　指数计数法 …… 14

2.4　赋值 …… 14

2.5　运算符 …… 14

2.5.1　算术运算符 …… 14

2.5.2　关系运算符 …… 16

2.5.3　逻辑运算符 …… 17

2.5.4　按位运算符 …… 18

2.5.5　移位运算符 …… 18

2.5.6　其他运算符 …… 19

2.6　本讲小结 …… 20

课后练习 …… 20

第 3 讲　Java 基本语法(二) …… 21

3.1　分支 …… 21

3.2　循环 …… 22

3.3　跳转 …… 24

3.4　开关 …… 24

3.5　本讲小结 …… 25

课后练习 …… 25

第 4 讲　方法和数组 …… 26

4.1　数组 …… 26

4.1.1　一维数组 …… 26

4.1.2　二维数组 …… 31

4.2　方法 …… 33

4.2.1　方法的调用 …… 33

4.2.2　变量的作用域 …… 34

4.2.3　参数的传递 …… 35

4.2.4　方法重载 …… 36

4.3　本讲小结 …… 36

课后练习 …… 36

第 5 讲　初识面向对象 …… 37

5.1　面向过程程序设计与面向对象程序设计 …… 37

5.2　创建新的数据类型 …… 37

5.3　类的成员 …… 39

5.3.1　成员变量 …… 39

5.3.2　成员方法 …… 40

5.4　构造方法 …… 41

5.5　通过引用访问对象 …… 41

5.5.1　引用类型和引用类型变量 …… 42

5.5.2　引用类型变量和基本类型变量的区别 …… 42

5.5.3　点语法 …… 42

5.5.4　再论参数传递 …… 43

5.6　关键字 this …… 44

5.7　对象数组 …… 45

5.8　数据的存储 …… 46

5.9　本讲小结 …… 46

课后练习 …… 47

第 6 讲　访问控制 ………………………… 48

6.1　包 ………………………… 48

6.1.1　系统的包 ………………………… 48

6.1.2　自己创建的包 ………………………… 48

6.1.3　打包 ………………………… 49

6.2　访问权限修饰符 ………………………… 51

6.2.1　成员的访问权限 ………………………… 51

6.2.2　类的访问权限 ………………………… 51

6.3　本讲小结 ………………………… 52

课后练习 ………………………… 52

第 7 讲　系统常用类(一) ………………………… 53

7.1　Scanner 类 ………………………… 53

7.2　字符串 ………………………… 53

7.2.1　不可变长字符串 ………………………… 53

7.2.2　可变长字符串 ………………………… 54

7.2.3　字符串的比较 ………………………… 56

7.3　数据包装类 ………………………… 57

7.4　本讲小结 ………………………… 58

课后练习 ………………………… 58

第 8 讲　系统常用类(二) ………………………… 59

8.1　日期和时间类 ………………………… 59

8.1.1　Date 类 ………………………… 59

8.1.2　DateFormat 类 ………………………… 59

8.1.3　SimpleDateFormate 类 ………………………… 60

8.1.4　Calendar 类 ………………………… 61

8.1.5　GregorianCalendar 类 ………………………… 62

8.2　格式化输出类 ………………………… 62

8.2.1　printf()和 format() ………………………… 63

8.2.2　String. format() ………………………… 63

8.2.3　Formatter 类 ………………………… 63

8.3　Arrays 类 ………………………… 64

8.4　Math 类 ………………………… 65

8.5　System 类 ………………………… 66

8.6　Random 类 ………………………… 67

8.7　Class 类 ………………………… 67

8.8　本讲小结 ………………………… 68

课后练习 ………………………… 68

第 9 讲　继承和多态 ………………………… 70

9.1　组合 ………………………… 70

9.2　继承 ………………………… 71

9.2.1　继承的语法 ………………………… 71

9.2.2　父类的初始化 ………………………… 72

9.2.3　再论方法重载 ………………………… 74

9.2.4　变量的隐藏和方法的重写 ………………………… 75

9.2.5　super 关键字 ………………………… 75

9.3　final 关键字 ………………………… 77

9.3.1　final 修饰的变量 ………………………… 77

9.3.2　空白 final ………………………… 77

9.3.3　final 修饰的方法 ………………………… 78

9.3.4　final 修饰的参数 ………………………… 79

9.3.5　final 修饰的类 ………………………… 79

9.4　多态 ………………………… 79

9.4.1　向上转型 ………………………… 80

9.4.2　动态绑定 ………………………… 81

9.4.3　多态的好处 ………………………… 82

9.4.4　多态的缺陷 ………………………… 83

9.5　本讲小结 ………………………… 84

课后练习 ………………………… 84

第 10 讲　成员的初始化 ………………………… 85

10.1　定义初始化 ………………………… 86

10.2　构造方法初始化 ………………………… 86

10.3　实例语句块 ………………………… 87

10.4　静态数据的初始化 ………………………… 87

10.5　静态语句块 ………………………… 88

10.6　类的加载及初始化顺序 ………………………… 88

10.7　本讲小结 ………………………… 91

课后练习 ………………………… 91

第 11 讲　抽象类和接口 ………………………… 92

11.1　抽象类和抽象方法 ………………………… 92

11.2　接口 ………………………… 93

11.2.1　接口中的域和方法 ………………………… 93

11.2.2　接口的实现 ………………………… 93

11.2.3　扩展接口 ………………………… 94

11.2.4　嵌套接口 ………………………… 96

11.2.5　接口的好处 ………………………… 97

11.3　本讲小结 ………………………… 99

课后练习 ………………………… 99

第 12 讲　内部类 ………………………… 100

12.1　成员类 ………………………… 100

12.2 局部内部类 …………………………… 102
12.3 匿名内部类 …………………………… 103
12.4 静态内部类 …………………………… 104
12.5 内部类的继承 ………………………… 105
12.6 内部类的好处 ………………………… 105
12.7 本讲小结 ……………………………… 106
课后练习 ……………………………………… 106
第 13 讲 异常处理和断言 ……………… 107
13.1 Java 的异常 …………………………… 107
13.2 异常处理机制 ………………………… 108
13.2.1 捕获异常 …………………………… 108
13.2.2 finally ……………………………… 110
13.2.3 声明异常 …………………………… 112
13.2.4 抛出异常 …………………………… 113
13.3 捕获所有异常 ………………………… 113
13.3.1 异常轨迹 …………………………… 113
13.3.2 重新抛出异常 ……………………… 115
13.3.3 异常链 ……………………………… 118
13.3.4 异常的丢失 ………………………… 119
13.4 自定义异常 …………………………… 120
13.5 异常的限制 …………………………… 121
13.6 断言 …………………………………… 122
13.7 本讲小结 ……………………………… 123
课后练习 ……………………………………… 123
第 14 讲 Java 多线程(一) ……………… 125
14.1 Java 中的线程 ………………………… 125
14.2 Java 多线程的实现 …………………… 126
14.3 线程池 ………………………………… 128
14.3.1 固定尺寸线程池 …………………… 128
14.3.2 可变尺寸线程池 …………………… 129
14.3.3 单任务线程池 ……………………… 129
14.4 线程的调度 …………………………… 130
14.4.1 线程休眠 …………………………… 130
14.4.2 线程优先级 ………………………… 131
14.4.3 线程让步 …………………………… 132
14.4.4 线程合并 …………………………… 132
14.5 前台线程和后台线程 ………………… 133
14.6 本讲小结 ……………………………… 134
课后练习 ……………………………………… 134
第 15 讲 Java 多线程(二) ……………… 135
15.1 访问共享资源 ………………………… 135
15.1.1 访问冲突 …………………………… 135
15.1.2 解决冲突 …………………………… 136
15.1.3 静态方法同步 ……………………… 137
15.2 线程间协作 …………………………… 137
15.3 死锁 …………………………………… 140
15.4 本讲小结 ……………………………… 142
课后练习 ……………………………………… 142
第 16 讲 输入/输出(一) ……………… 143
16.1 File 类 ………………………………… 143
16.2 文件过滤器 …………………………… 144
16.3 流 ……………………………………… 145
16.4 字节流和缓冲字节流 ………………… 145
16.5 字符流和缓冲字符流 ………………… 147
16.6 本讲小结 ……………………………… 148
课后练习 ……………………………………… 148
第 17 讲 输入/输出(二) ……………… 149
17.1 文件随机存取 ………………………… 149
17.2 标准输入/输出 ………………………… 150
17.3 对象的序列化和反序列化 …………… 152
17.4 本讲小结 ……………………………… 153
课后练习 ……………………………………… 154
第 18 讲 Java Swing …………………… 155
18.1 Swing 入门 …………………………… 156
18.1.1 一组例子 …………………………… 156
18.1.2 显示框架 …………………………… 159
18.2 容器 …………………………………… 160
18.2.1 顶层容器 …………………………… 160
18.2.2 中间层容器 ………………………… 161
18.3 布局管理 ……………………………… 169
18.3.1 BorderLayout ……………………… 169
18.3.2 FlowLayout ………………………… 170
18.3.3 GirdLayout ………………………… 171
18.3.4 CardLayout ………………………… 172
18.3.5 BoxLayout ………………………… 174
18.3.6 绝对布局 …………………………… 175
18.4 基本组件 ……………………………… 177
18.4.1 AbstractButton …………………… 177

18.4.2 菜单 …… 179
18.4.3 标签和文本编辑组件 …… 180
18.4.4 组合框和列表框 …… 182
18.4.5 滑块和进度条 …… 183
18.4.6 选择框 …… 185
18.4.7 表格和树 …… 186
18.5 本讲小结 …… 189
课后练习 …… 189
第19讲 事件处理(一) …… 190
19.1 Java的事件处理机制 …… 190
19.2 动作事件 …… 193
19.3 调整事件和改变事件 …… 196
19.4 选择事件 …… 197
19.5 文本事件 …… 200
19.6 本讲小结 …… 201
课后练习 …… 201
第20讲 事件处理(二) …… 202
20.1 焦点事件 …… 202
20.2 窗口事件 …… 204
20.3 鼠标事件 …… 206
20.4 键盘事件 …… 209
20.5 适配器类 …… 210
20.6 本讲小结 …… 211
课后练习 …… 211
第21讲 Java网络编程 …… 212
21.1 InetAddress类 …… 212
21.2 URL类 …… 213
21.3 URLConnection类 …… 216
21.4 Socket通信 …… 217
21.5 无连接的数据报 …… 222
21.6 本讲小结 …… 229
课后练习 …… 229
第22讲 泛型 …… 230
22.1 泛型 …… 230
22.2 自定义泛型类和接口 …… 231
22.3 自定义泛型方法 …… 232
22.4 受限的泛型 …… 233
22.5 原始类型和向后兼容 …… 234
22.6 通配泛型 …… 234
22.7 本讲小结 …… 237
课后练习 …… 237
第23讲 集合 …… 238
23.1 集合框架 …… 238
23.2 Collection …… 239
23.2.1 Set(规则集) …… 239
23.2.2 Comparator(比较器接口) …… 241
23.2.3 List(线性表) …… 242
23.2.4 Queue(队列) …… 243
23.2.5 规则集和线性表的性能比较 …… 246
23.3 Map …… 247
23.4 本讲小结 …… 248
课后练习 …… 248
第24讲 数据库操作 …… 249
24.1 JDBC …… 249
24.2 结果集及常见方法 …… 250
24.3 操作数据库步骤 …… 252
24.4 一个例子 …… 253
24.5 本讲小结 …… 255
课后练习 …… 255
参考文献 …… 256

第 1 讲　Java 入门

Java 是一种优秀的编程语言，要学好 Java，首先要了解它的历史，配置好开发环境，了解它的优缺点，找到适合自己的学习方法。

1.1　Java 的历史

伟大的程序员 Larry Wall 曾说过优秀的程序员应该具备三个美德：懒惰、急躁和傲慢。Java 语言就是在一群懒惰、急躁而傲慢的程序天才手中诞生的。

1990 年 12 月，Sun 的工程师 Patrick Naughton 快被当时糟糕的 Sun C＋＋工具折磨疯了。他大声抱怨，并威胁要离开 Sun 转投当时在 Steve Jobs 领导之下的 NeXT 公司。领导层为了留住他，给他一个机会，启动了一个叫做 Stealth（秘密行动）的项目。随着 James Gosling 等人的加入，这个项目更名为 Green。该项目旨在为家用电器提供支持，使这些电器智能化并且能够彼此交互。Bill Joy、James Gosling、Mike Sheradin 和 Patrick Naughton 是该项目的核心成员（见图 1.1）。

图 1.1　Green 项目组的核心成员

正如人们事后分析的那样，这些天才的程序员太懒惰，所以没有把 C＋＋语言学好，开发中碰了一头包；太急躁，所以都不愿意停下来读读 Scott Meyers 的新书《Effective C＋＋》；太傲慢，所以轻易地决定开发一种新的编程语言。他们把这种语言命名为 C＋＋＋＋－－，意思是 C＋＋“加上一些好东西，减去一些坏东西”。显然这个糟糕的名字不可能长命百岁，很快这种颇受同伴喜爱的小语言被命名为 Oak（橡树，1991 年 2 月），因为他们办公室窗外有一棵橡树。

1992 年 3 月，由于 Oak 已被用作另一种已存在的编程语言名称，因此必须选一个新的名字——它就是Java，其灵感来源于咖啡。

1995年5月，在SunWorld大会上，Sun公司正式介绍了Java和HotJava。

1996年1月，JDK 1.0版本发布，1.0版本的Java只能做一些简单的事情。

1997年2月，JDK 1.1版本发布。其主要特点是增加了JDBC(Java Data Base Connectivity，Java数据库连接)、RMI(Remote Method Invoke，远程方法调用)和内部类。

1998年12月，JDK 1.2版本发布，被命名为Playground。该版本通常被称为Java 2版本，是见证重大转变的最流行版本。其主要特点是集合框架、JIT编译器、策略工具、Java基础类、Java二维类库和对JDBC的改进。

2002年2月，J2SE 1.4版本发布，被命名为Merlin。其主要特点是对XML(Extensible Markup Lauguage，可扩展标记语言)的处理、Java打印、支持日志、JDBC 3.0、断言和对正则表达式的处理。

2004年9月，J2SE 5.0发布，被命名为Tiger。其主要特点是支持泛型、自动装箱、注释处理和Instrumentation。

2006年12月，Java SE 6版本发布，被命名为Mustang。其主要特点是支持脚本语言、JDBC 4.0、Java编译API (Application Programming Interface，应用程序编程接口)并整合了Web服务。

2010年1月，Oracle(甲骨文)公司收购了Sun公司及其产品。现在Java由Oracle公司控制。

2011年7月，Java SE 7版本发布，被命名为Dolphin。这个版本距上次发布有5年之久，并且只有这个版本花费了较长时间。其主要特点是支持动态语言、Java nio包、多重异常处理、try with resource功能和诸多小的增强。

2014年3月，经过两年半的努力和屡次的延期，甲骨文的Java开发团队终于发布了Java 8的正式版本。它的最大改进就是Lambda表达式，其目的是使Java更易于为多核处理器编写代码；其次，新加入的Nashorn引擎也使得Java程序可以和JavaScript代码互操作；再者，新的日期时间API、GC(Garbage Collection，垃圾收集)改进、并发改进也相当令人期待。

1.2 Java的用处

Java语言从技术上可以分为三个版本。

(1) J2SE——Java 2 Standard Edition(Java标准版)：支持所有Java标准规范中所定义的核心类函数库和所有的Java基本类别。J2SE定位在客户端程序的应用上。

(2) J2EE——Java 2 Enterprise Edition(Java企业版)：在J2SE的基础上增加了企业内部扩展类函数库的支持，比如支持Servlet/JSP的javax. servletr. * 和EJB的javax. ejb. * 的类函数库。J2EE定位在服务器端程序的应用上。

(3) J2ME——Java 2 Micro Edition(Java的微型版)：只支持Java标准规范中所定义的核心类函数库的子集。J2ME定位于嵌入式系统的应用上。

随着移动互联网时代的到来，手机应用程序的开发已经“热得发烫”。很多程序员都转向了 Java，使用 Java 语言进行 Android APP 的开发。这使得使用 Java 的程序员越来越多，图 1.2 为 2016 年 2 月排名前 20 位的编程语言排行榜。

2016年2月	2015年2月	变化	编程语言	得分率	涨幅
1	2	^	Java	21.145%	+5.80%
2	1	v	c	15.594%	−0.89%
3	3		c++	6.907%	+0.29%
4	5	^	c#	4.400%	−1.34%
5	8	^	Python	4.180%	+1.30%
6	7	^	PHP	2.770%	−0.40%
7	9	^	Visual Basic.NET	2.454%	+0.43%
8	12	^^	Perl	2.251%	+0.86%
9	6	v	JavaScript	2.201%	−1.31%
10	11	^	Delphi/Object Pascal	2.163%	+0.59%
11	20	^^	Ruby	2.053%	+1.18%
12	10	v	Visual Basic	1.855%	+0.14%
13	26	^^	Assembly language	1.828%	+1.08%
14	4	vv	Objectire-C	1.403%	−4.62%
15	30	^^	D	1.391%	+0.77%
16	27	^^	Swift	1.375%	+0.65%
17	18	^^	R	1.192%	+0.23%
18	17	v	MATLAB	1.091%	+0.06%
19	13	vv	PL/SQL	1.062%	−0.20%
20	33	^^	Groovy	1.012%	+0.51%

图 1.2　2016 年 2 月编程语言 TOP 20 排行榜

1.3　Java 开发环境的安装和配置

JDK(Java Development Kit)是开发 Java 程序的核心工具包，当然，为了提高开发效率，也可以使用 IDE(集成开发环境)进行 Java 的开发。本书的全部代码都是在集成开发环境Eclipse下完成的。下面将对 Java 开发环境的安装和配置进行简单的介绍。

1.3.1　JDK＋EditPlus

1. 下载 JDK

本书使用 Oracle 公司的 JDK 7，其下载网址为 http://www.oracle.com/technetwork/java/javase/downloads/jdk7-downloads-1880260.html。因为本书使用的操作系统为 64 位的 Windows 7 系统，所以下载版本为 jdk-7u75-windows-x64.exe。如果不开发 Java 程序，只运行 Java 程序，只需下载并安装 JRE(Java Runtime Environment)即可。

图 1.3 为 JDK 的下载界面，在此界面中先点击“Accept License Agreement”，然后选择合适的 JDK 版本即可。

Java SE Development Kit 7u75

You must accept the Oracle Binary Code License Agreement for Java SE to download this software.

○ Accept License Agreement ◉ Decline License Agreement

Product / File Description	File Size	Download
Linux x86	119.43 MB	jdk-7u75-linux-i586.rpm
Linux x86	136.77 MB	jdk-7u75-linux-i586.tar.gz
Linux x64	120.83 MB	jdk-7u75-linux-x64.rpm
Linux x64	135.66 MB	jdk-7u75-linux-x64.tar.gz
Mac OS X x64	185.86 MB	jdk-7u75-macosx-x64.dmg
Solaris x86 (SVR4 package)	139.55 MB	jdk-7u75-solaris-i586.tar.Z
Solaris x86	95.87 MB	jdk-7u75-solaris-i586.tar.gz
Solaris x64 (SVR4 package)	24.66 MB	jdk-7u75-solaris-x64.tar.Z
Solaris x64	16.38 MB	jdk-7u75-solaris-x64.tar.gz
Solaris SPARC (SVR4 package)	138.66 MB	jdk-7u75-solaris-sparc.tar.Z
Solaris SPARC	98.56 MB	jdk-7u75-solaris-sparc.tar.gz
Solaris SPARC 64-bit (SVR4 package)	23.94 MB	jdk-7u75-solaris-sparcv9.tar.Z
Solaris SPARC 64-bit	18.37 MB	jdk-7u75-solaris-sparcv9.tar.gz
Windows x86	127.8 MB	jdk-7u75-windows-i586.exe
Windows x64	129.52 MB	jdk-7u75-windows-x64.exe

图 1.3　JDK 的下载界面

2. 安装 JDK

双击下载后的 jdk-7u75-windows-x64. exe，会出现如图 1.4 所示的界面。

点击“下一步”按钮，出现如图 1.5 所示的 JDK 安装界面，在此界面中可以更改安装目录，也可以使用默认安装目录，更改完成后点击“下一步”按钮。

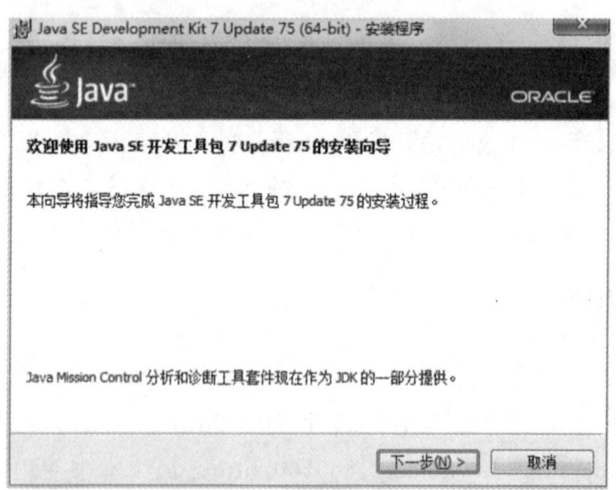

图 1.4　JDK 的安装界面一

安装完成后，出现如图 1.6 所示的界面，此时要求安装 JRE，可以选择点击“取消”按钮不进行安装。如果需要，则单击“下一步”按钮完成安装。

安装完成后(如果选择安装 JRE)，会在安装目录下出现两个文件夹，如图 1.7 所示。

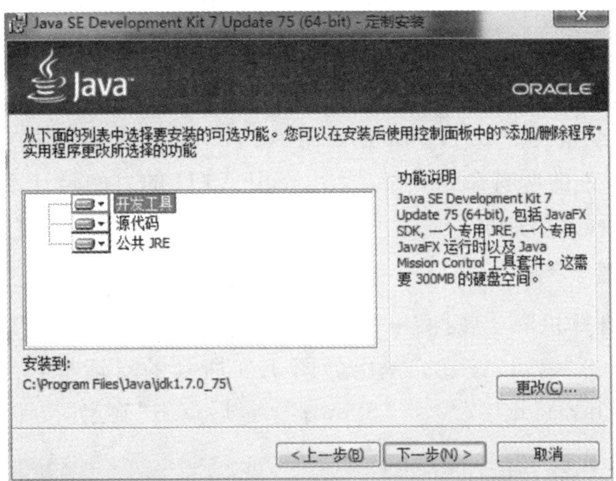

图 1.5　JDK 的安装界面二

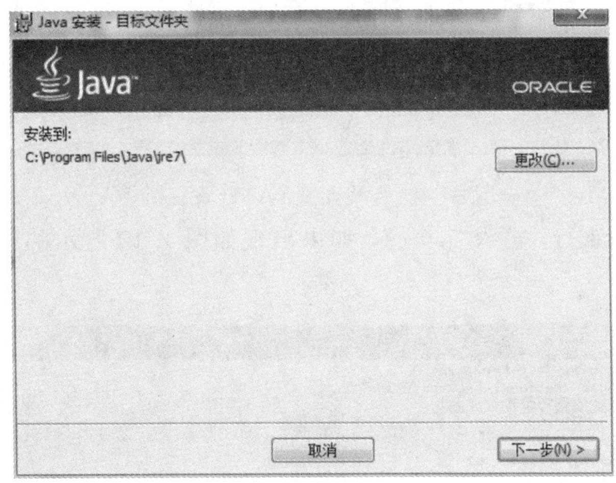

图 1.6　JDK 的安装界面三

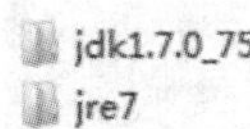

图 1.7　安装目录下的文件夹

3. 测试安装是否成功

安装完成后，要测试安装是否成功，可以在命令行中输入 java-version 命令，如图1.8所示，如果出现版本信息，即表示安装成功。

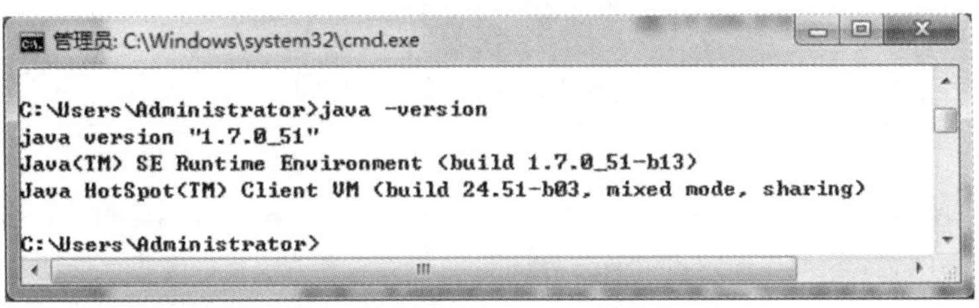

图 1.8　JDK 安装成功测试图

1.3.2 配置环境变量

JDK 安装成功后，为了能在任意的目录下编译、运行 Java 程序，必须为其配置环境变量。需要配置的环境变量有 PATH 和 CLASSPATH。配置 PATH 的目的是让系统能够找到 JDK 安装目录 bin 下的所有命令，配置 CLASSPATH 的目的是让系统能够找到 JDK 所提供的类库。配置过程介绍如下。

1. PATH 的配置

鼠标右键点击“计算机”→“属性”→“高级系统设置”→“环境变量”→“系统变量”。找到 PATH 变量，然后点击“编辑”按钮，弹出如图 1.9 所示的对话框，在原有值的前面加上“C：\Program Files\Java\jdk1.7.0.0_75\bin;”，最后点击“确定”按钮即可。

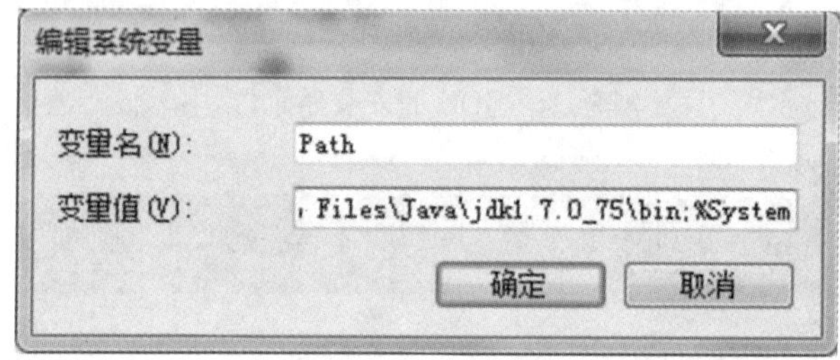

图 1.9 环境变量 PATH 设置图

现在可以打开命令行，输入“javac”，如果出现如图 1.10 所示的结果，就说明设置成功了。

图 1.10 测试 PATH 设置是否成功截图

2. CLASSPATH 的配置

环境变量 CLASSPATH 的设置与 PATH 基本相同，找到“系统变量”后，如果是第一次设置 CLASSPATH 的话其并不存在，需要新建一个名为 CLASSPATH 的环境变量，其值设置为“. ;C:\Program Files\Java\jdk1. 7. 0. 0_75\lib\dt. jar;C:\Program Files\Java\jdk1. 7. 0. 0_75\lib\tools. jar;”。需特别注意这个值的开头为英文状态下的“. ”。表示当前目录，即当编译 Java 源程序时，如果需要某个类，系统先在当前目录下查找。

1.3.3 集成开发环境(IDE)

优秀的 Java 集成开发环境非常多，如 Eclipse、MyEclipse、JBuilder、JCreater、NetBeans 等。集成开发环境如此之多，从而使很多初学者感到迷茫，不知道选哪个才好。本书使用的是绿色版 Eclipse4. 4. 1，解压后即可使用，但使用前必须先安装并配置好 JDK。有些版本的 Eclipse 自带 JDK，但必须安装才能使用。关于以上列举的几种 IDE，读者可查找有关资料来比较它们的优劣。

1.4 第一个 Java 程序

第一次打开 Eclipse 时，首先出现的是欢迎界面，如图 1. 11 所示。关掉欢迎界面，点击“File”→“New”→“Java Project”，给工程起个名字，如 MyProj1。

图 1. 11 Eclipse 欢迎界面

鼠标点开工程“MyProj1”，在其下面的“src”上点击鼠标右键，在弹出的菜单中选择“New”→“Class”，创建一个类，命名为 HelloWorld，如图 1. 12 所示，然后点击“Finish”按钮即可创建名为 HelloWorld 的类。为了自动生成 main 函数，不要忘记勾选“public static void main(String[] args)”选项。

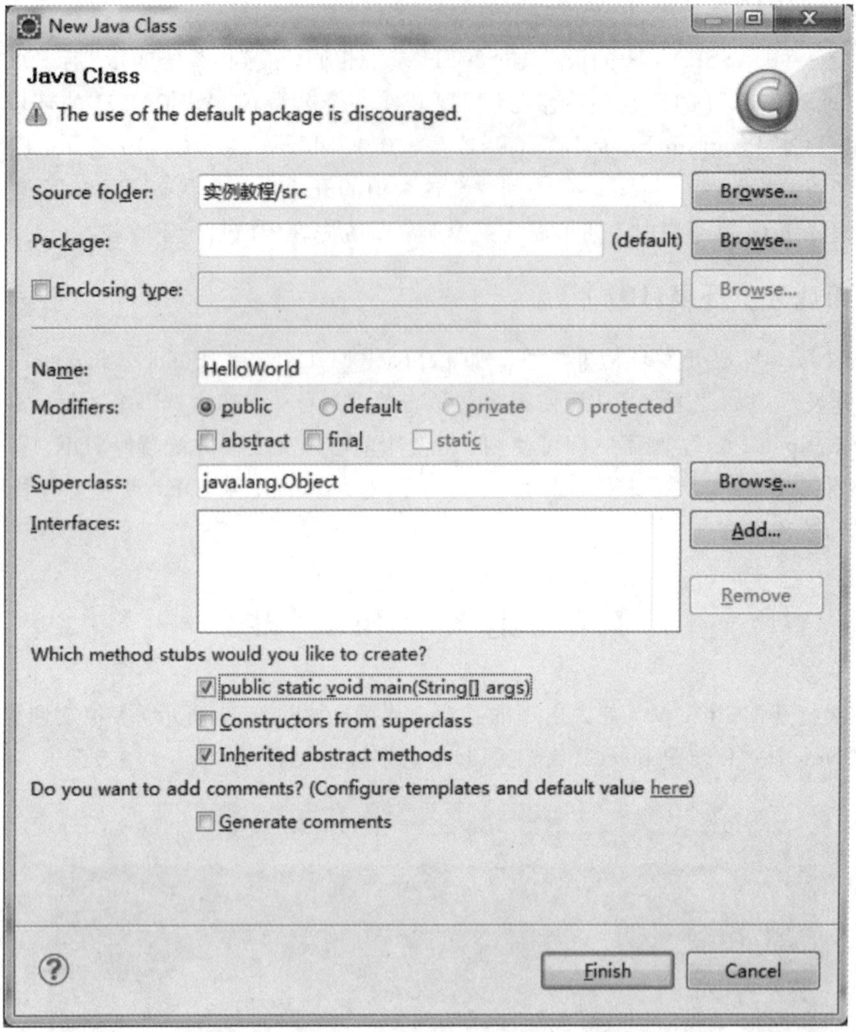

图 1.12　创建类示意图

Eclipse 自动生成代码如下：

```
//HelloWorld.java
public class HelloWorld {
    /**
     * @param args
     */
    public static void main(String[] args) {
        //TODO Auto-generated method stub
    }
}
```

程序中/＊＊/和//后的部分为注释，其中/＊＊/为注释块，//为单行注释。我们可以在 main 函数中添加下面的输出语句，运行后可使其输出“HelloWorld!”。

System.out.println("HelloWorld!");

点击 Eclipse 工具栏上的快捷按钮即可运行此程序。运行按钮如图 1.13 所示。

图 1.13　运行按钮

1.5　Java 程序的开发过程

Java 程序的开发过程一般分为三个步骤：

(1) 编写源文件。选择一种纯文本编辑器，如记事本、EditPlus 等，来编写源文件。源文件的后缀名必须为.java。如果使用 IDE 工具，必须先创建工程，然后在工程中创建主类，打开主类所在的 Java 文件进行编辑即可。

(2) 编译源文件。使用 Java 编译器(javac 命令)编译源文件，生成字节码文件(.class 文件)。如果使用 IDE 工具，如 Eclipse，用户看不到编译的过程，因为它是在编写源文件时即时编译的。

(3) 运行 Java 程序。使用 Java 解释器(java 命令)运行字节码文件。如果使用 IDE 工具，如 Eclipse，则直接点击 IDE 的运行按钮即可。

图 1.14 展示了一个 Java 应用程序的开发过程。

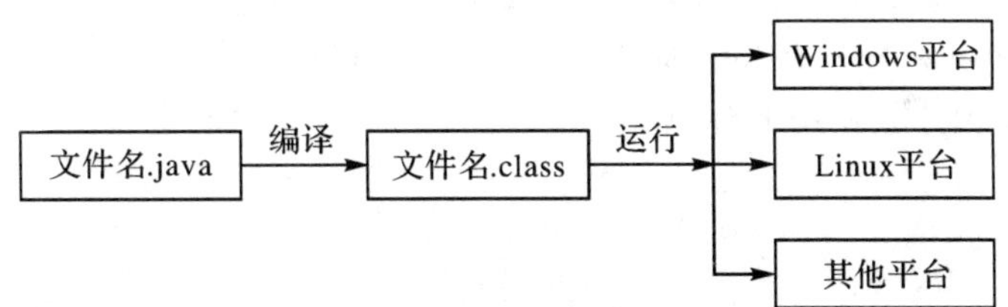

图 1.14　Java 应用程序的开发过程

1.6　怎么学好 Java

本书作者学习 Java 已近 10 年，下面就“怎么学好 Java”提出自己的看法，希望对初学者有所帮助。

1. 思考两个问题

(1) 你对学习 Java 感兴趣吗?

(2) 你能静下心来写程序吗?

如果两个问题的答案都是肯定的，那就接着向下看。

2. 准备工作

(1) 找本 Java 学习用书。网络上学习 Java 的资源很多，但大都不够系统，拥有一本 Java 入门书籍，是你系统学习 Java 的基础。

(2) 配置好 Java 的开发环境。准备好你的学习环境，很简单，安装某个版本的 JDK，然后用类似 UltraEdit、EditPlus 的文本编辑器配置你的学习环境，Internet 上有很多关于如何配置的文章。初学 Java，不建议用 IDE 工具，通过一行行地敲代码，你会碰到很多问题，只有这样，你才能学会怎样解决问题，并加深自己对 Java 的理解。

(3) 不可缺少的学习资料。也许 Java API 文档是学习 Java 最好的资料，官方提供的 API 文档是英文版的，也可以上网下载一个中文版。准备好后，开始进入激动人心的 Java 学习之旅吧！

最后永远记住：自始至终，实践是学习 Java 技术历程中极其重要的一环。脱离了实践，是学不好 Java 的！

1.7 本讲小结

本讲首先从 Java 的历史讲起，介绍了 Java 语言能做什么；其次介绍了 Java 的安装环境及环境变量的配置；再次介绍了使用 Eclipse 运行第一个 Java 程序；最后对初学者怎么学好 Java 提了几点建议。

课后练习

1. 在自己的电脑上配置 Java 的开发环境。
2. 使用 Eclipse 编写一个 Java 应用程序，输出自己的姓名。
3. 叙述 Java 为什么是跨平台的。

第 2 讲　Java 基本语法(一)

标识符和关键字是每一种编程语言的语法基础，而 Java 对每种基本数据类型规定了长度，这是 Java 程序能够跨平台的保障。

在最底层，Java 中的数据是通过使用运算符来操作的，这些运算符包括算术运算符、关系运算符、逻辑运算符、位运算符和三元运算符。

2.1　标识符和关键字

1. 标识符

Java 语言中用来表示类名、变量名、方法名、类型名、数组名、文件名的有效字符序列称为标识符。

Java 语言规定：标识符由字母、下划线、美元符号和数字组成，并且第一个字符不能是数字。Java 语言中的字母不仅是指常用的拉丁字母 a、b、c 等，还包括汉字、日文、朝鲜文、俄文、希腊字母以及其他许多语言中的文字。

如 Date、Student、教师、a2、_b、$ _c 等都是合法的标识符，而 2a、%d、# m 等都不是合法的标识符。

2. 关键字

Java 语言中被赋予特定意义的一些单词不能被用作类名、方法名、变量名等一般标识符来使用。Java 中的关键字有 50 个，大体可以分为四类，如表 2.1 所示。

表 2.1　Java 关键字列表

abstract	assert	boolean	break	byte
case	catch	char	class	const
continue	default	do	double	else
enum	extends	final	finally	float
for	goto	if	implements	import
instanceof	int	interface	long	native
new	package	private	protected	public
return	strictfp	short	static	super
switch	synchronized	this	throw	throws
transient	try	void	volatile	while

2.2 基本数据类型

Java 的基本数据类型有 8 个，使用这些基本数据类型创建的变量被存放在堆栈中，这样访问起来效率会更高。

Java 规定基本数据类型的长度是定长的，这也是 Java 跨平台的原因之一。boolean 类型所占存储空间的大小并没有明确指定，仅规定其能取值 true 或 false。各种基本数据类型的大小及取值范围如表 2.2 所示。

表 2.2 基本数据类型的大小及取值范围

基本数据类型	大小(字节)	最小值	最大值
boolean	—	—	—
char	2	Unicode 0	Unicode $2^{16}-1$
byte	1	−128	+127
short	2	-2^{15}	$+2^{15}-1$
int	4	-2^{31}	$+2^{31}-1$
long	8	-2^{63}	$+2^{63}-1$
float	4	IEEE 754	IEEE 754
double	8	IEEE 754	IEEE 754

注：IEEE 754 是美国电气电子工程师协会通过的一个标准，用于在计算机上表示浮点数，该标准已被广泛采用。Java 采用 32 位 IEEE 754 表示 float 类型，64 位 IEEE 754 表示 double 类型。Unicode 0 表示 Unicode 编码中 int 值为 0 的字符，Unicode $2^{16}-1$ 表示 Unicode 编码中 int 值为 $2^{16}-1$ 的字符。

同 C/C++一样，Java 的基本数据类型之间(除 boolean 之外)可以进行转换，转换也分为自动类型转换和强制类型转换。转换的顺序是按照精度从低到高的顺序进行，即低精度类型可以自动转换为高精度类型，而高精度类型必须进行强制类型转换才能转换为低精度类型，强制类型转换是有精度损失的。

如：

byte→short→int→long→float→double

char→int→long→float→double

下面的程序可以用来测试类型转换，测试时可以逐一注释某个函数，观察输出的结果。此处用到的方法重载，在第 4 讲中会有详细的介绍。

```
//TypeConversion.java
public class TypeConversion {
    public static void show(byte i){
        System.out.println("byte: "+i);
    }
    public static void show(char i){
        System.out.println("char: "+i);
    }
    public static void show(short i){
```

```
        System.out.println("short: "+i);
    }
    public static void show(int i){
        System.out.println("int: "+i);
    }
    public static void show(long i){
        System.out.println("long: "+i);
    }
    public static void show(float i){
        System.out.println("float: "+i);
    }
    public static void show(double i){
        System.out.println("double: "+i);
    }
    public static void main(String[] args) {
        byte i=1;
        show(i);
    }
}
```

2.3 变量和常量

2.3.1 变量

Java 使用变量存储在程序中用到的数据，称其为变量是因为它们的值可能会被改变。变量可以被定义为不同的类型，用以存储相应类型的数据。如：

```
int a=1;
double b=2.3;
boolean c=true;
```

如果一次定义多个相同类型的变量，可以一起声明，变量之间用逗号隔开，如：

```
int m, n, k;
```

也可以在定义时给其赋值，如：

```
int m=1, n=2, k=3;
```

2.3.2 定名常量

在程序中有些数据是永远不变的，如圆周率 π 和自然常数 e。在编写程序时，可以定义一个常量来代替他们，如：

```
final double PI=3.1415926;
final double E=2.7182818;
```

Java 把这种常量称为定名常量，一旦定义就不能修改，定义时使用关键字 final 修饰，并且用大写字母表示。关于 final 的用法，在后面将详细讲解。

2.3.3 直接常量

直接常量是指在程序中直接出现的常量值，直接常量又分整型直接常量和浮点型直接常量。直接常量可以赋值给相同类型的变量，但要注意其是否在被赋值变量所表示的范围内，如：把直接常量 200 赋值给 byte 型变量 b 是不合适的。

整型直接常量默认为 int 类型，如果要表示一个长整型(long 类型)，那么就在其后面添加一个大写字母 L 或小写字母 l(注意不是数字 1)，如 256L。

整型直接常量默认是十进制数，其他进制的整型直接常量都有明确的规定，如八进制整型直接常量使用 0 开头，十六进制的整型直接常量使用 0x 或 0X 开头。

浮点型直接常量默认是 double 类型的，如果要表示一个 float 类型的直接常量，可以在其后加上字母 F 或 f。当然 double 类型的直接常量后也可以加上字母 D 或 d，但可以省略。

2.3.4 指数计数法

Java 采用一种不太直观的计数法来表示指数，如 2.3×10^{-5} 在程序中被表示为 2.3e－5 或 2.3E－5，这里的 e 或 E 是“10 的幂次”，可不能把它当做自然对数的基数。下面的程序测试了指数计数法：

```
//ExponentTest.java
public class ExponentTest {
    public static void main(String[] args) {
        double d=2.3E-2;
        double b=4.5e10;
        System.out.println("d="+d);
        System.out.println("b="+b);
    }
}
```

2.4 赋　　值

数学上的等号“＝”在 Java 中被用作赋值符号，它表示“把其右边的值赋值给左边”。“＝”右边可以是任何的常数、变量或者表达式，其左边必须是一个明确的、已经命名的任何类型的变量，如：

```
int a=10;
```

2.5 运 算 符

2.5.1 算术运算符

Java 语言中的算术运算符与 C/C＋＋语言中的算术运算符是相同的，包括加法(＋)、减法(－)、乘法(＊)、除法(/)和取模(%)。其中整数除法运算也叫取整运算。下面的程序展示了除法运算和取模运算：

```
//ArithmeticOperation.java
public class ArithmeticOperation {
    public static void main(String[] args) {
        System.out.println(7/2);
        System.out.println(7.0/2);
        System.out.println(7/2.0);
        System.out.println(7.0/2.0);
    }
}
//ModulusOperation.java
public class ModulusOperation {
    public static void main(String[] args) {
        System.out.println(7%-2);
        System.out.println(7%2);
        System.out.println(-7%2);
        System.out.println(-7%-2);
        System.out.println(7.2%2.8);
        //System.out.println(7.2-5.6);
    }
}
```

自加和自减运算是 Java 中两种常用的快捷运算，如 a＋＋相当于 a＝a＋1，而－－a 则相当于 a＝a－1。这两种运算各有两种使用方式，前缀式和后缀式。前缀式表示＋＋或－－运算符位于变量的前面，如＋＋a 或－－a。后缀式表示＋＋或－－运算符位于变量的后面，如 a＋＋或 a－－。示例代码如下：

```
//IncrAndDeOne.java
public class IncrAndDeOne {
    public static void main(String[] args) {
        int a=2;
        a++;
        System.out.println(a);
        a--;
        System.out.println(a);
        ++a;
        System.out.println(a);
        --a;
        System.out.println(a);
    }
}
```

如果自加和自减运算与赋值运算联合使用的话，前缀式和后缀式的意义就不一样了。下面的程序可以证明这一点：

```
//IncrAndDeTwo.java
public class IncrAndDeTwo {
    public static void main(String[] args) {
        int a=2;
        a++;
        System.out.println("a="+a);
        int m=a++;
        System.out.println("a="+a+", m="+m);
        int n=++a;
        System.out.println("a="+a+", n="+n);
    }
}
```

在算术运算过程中，有一个值得注意的问题：不同基本类型之间混合运算时，结果的精度类似于自动类型转换，当两个基本数据类型进行算术运算时，运算结果用精度高的类型来保存。

思考：char 类型与 byte 类型相加时，运算结果用什么类型来表示呢？就像下面的程序所展示的：

```
//CharAddByte.java
public class CharAddByte{
    public static void main(String[] args){
        byte x=7;
        //Type mismatch: cannot convert from int to byte
        //byte y='B'+x;
        System.out.println('B'+x);
    }
}
```

2.5.2 关系运算符

关系运算符与操作数组成关系表达式，其结果为 boolean(布尔)类型。关系运算符包括小于(<)、大于(>)、小于等于(<=)、大于等于(>=)、等于(==)以及不等于(!=)。

关系运算符中==和!=适用于所有的基本数据类型，而其他的关系运算符不适用于 boolean 类型，因为比较 boolean 类型的大小并没有实际意义。示例代码如下：

```
//RdationalOperator.java
public class RdationalOperator {
    public static void main(String[] args) {
        int a=10;
        int b=20;
        System.out.println(a < b);
        System.out.println(a > b);
        System.out.println(a <=b);
        System.out.println(a >=b);
        System.out.println(a==b);
```

```
            System.out.println(a != b);
        }
    }
```

2.5.3 逻辑运算符

Java 中的逻辑运算符包括与运算(&&)、或运算(||)、非运算(!)。与逻辑运算符结合的操作数必须是 boolean 类型,或是能够产生 boolean 类型的表达式。表 2.3 为逻辑运算的真值表。

表 2.3 逻辑运算的真值表

op1	op2	op1&&op2	op1||op2	! op1
true	true	true	true	false
true	false	false	true	false
false	true	false	true	true
false	false	false	false	true

下面的程序展示了对逻辑运算符的测试:

```
//LogicOperator.java
public class LogicOperator {
    public static void main(String[] args) {
        int a=10;
        int b=20;
        int c=30;
        System.out.println((a < b)&&(a < c));
        System.out.println((a > b)||(a < c));
        System.out.println(! (a < b));
    }
}
```

使用逻辑运算符时,有时候会出现"短路"现象,即根据逻辑运算符左边的值就能够判定整个表达式的值时,逻辑运算符右边的表达式就不再计算了(Java 是从左向右计算的)。下面的例子演示了短路现象:

```
//ShortCircuit.java
public class ShortCircuit {
    public static void main(String[] args) {
        int x=1, y=1;
        boolean b=(((y=1)==0)&&((x=6)==6));
        System.out.println("b="+b);
        System.out.println("x="+x);
        System.out.println("y="+y);
    }
}
```

2.5.4 按位运算符

按位运算是按照比特位进行的运算。按位运算来源于C语言，用来设置硬件寄存器中某个二进制位，以达到控制硬件的目的。Java也保留了这种操作，按位运算包括与运算(&)、或运算(|)、非运算(~)、异或运算(^)。

按位运算的真值表如表2.4所示。

表2.4 按位运算真值表

op1	op2	op1&op2	op1|op2	~op1	op1^op2
1	1	1	1	0	0
1	0	0	1	0	1
0	1	0	1	1	1
0	0	0	0	1	0

下面的程序展示了整数按位运算：

```
//IntBitOperation.java
public class IntBitOperation {
    public static void main(String[] args) {
        int a=3;
        int b=5;
        System.out.println("a & b="+(a & b));
        System.out.println("a | b="+(a | b));
        System.out.println("a ^ b="+(a ^ b));
        System.out.println("~a="+(~a));
    }
}
```

按位运算不是整数的专利，布尔类型也可以进行按位运算(~运算除外)，但按位运算的操作数不能是表达式。示例代码如下：

```
//BooleanBitOperation.java
public class BooleanBitOperation {
    public static void main(String[] args) {
        boolean a=true;
        boolean b=false;
        System.out.println("a & b="+(a & b));
        System.out.println("a | b="+(a | b));
        System.out.println("a ^ b="+(a ^ b));
        //System.out.println("~a="+(~a)); //非法
    }
}
```

2.5.5 移位运算符

移位运算符的操作对象也是二进制的“位”，包括左移运算(<<)、带符号的右移运算

(>>)、不带符号的右移运算(>>>)。它们的运算规则如下。

(1) <<：按照运算符右侧指定的位数将运算符左侧的操作数按位向左移动，在低位补 0。

(2) >>：按照运算符右侧指定的位数将运算符左侧的操作数按位向右移动，左边补符号位。

(3) >>>：按照运算符右侧指定的位数将运算符左侧的操作数按位向右移动，左边补 0。

下面的程序可以测试移位运算符：

```
//ShiftOperation.java
public class ShiftOperation {
    public static void main(String[] args) {
        int a=5;
        int b=-5;
        System.out.println("a << 2="+(a << 2));
        System.out.println("a >> 2="+(a >> 2));
        System.out.println("a >>> 2="+(a >>> 2));
        System.out.println("b << 2="+(b << 2));
        System.out.println("b >> 2="+(b >> 2));
        System.out.println("b >>> 2="+(b >>> 2));
    }
}
```

2.5.6　其他运算符

除了上述运算符之外，Java 中还有其他运算符，如表 2.5 所示。

表 2.5　其他运算符

运算符	描　　述
?:	所用相当于 if—else
[ ]	用于声明数组、创建数组及访问数组元素
.	用于访问对象实例或者类的成员
(type)	强制类型转换
new	创建对象或数组
instanceof	判断对象是否为类的实例

由于[ ]、. 和 new 在后面要讲到，所以这里只给出三元运算符?：和 instanceof 的示例程序。

试比较下面 TernaryOperatorOne.java 程序和 TernaryOperatorTwo.java 程序的运行结果有什么不同，思考不同的原因。

```
//TernaryOperatorOne.java
public class TernaryOperatorOne {
    public static void main(String[] args) {
```

```
            char x='X';
            char y='Y';
            System.out.println(true ? x : 0);
            System.out.println(false ? 0 : x);
        }
    }
    //TernaryOperatorTwo.java
    public class TernaryOperatorTwo {
        public static void main(String[] args) {
            char x='X';
            int y=0;
            System.out.println(true ? x : 0);
            System.out.println(false ? y : x);
        }
    }
```

三元表达式结果的类型与“：”两边最长的那个变量的类型相同。即在此例中 char 类型转换成了 int 类型。

instanceof 运算符的作用是判断一个对象是否是某个类的实例。下面代码输出对象 s 是否是类 String 的一个实例，如果是则输出 true，否则输出 false。

```
//InstanceofOperator.java
public class InstanceofOperator {
    public static void main(String[] args) {
        String s=new String("HelloWorld");
        System.out.println(s instanceof String);
    }
}
```

2.6 本讲小结

本讲首先讲述了 Java 中标识符和关键字的定义；其次讲述了八种基本数据类型的定义及使用；再次讲述了变量、各种常量以及指数计数法的使用；最后讲述了 Java 中的各种运算符，包括算术运算符、关系运算符、逻辑运算符、按位运算符、移位运算符以及其他运算符。

课后练习

1. 编写程序：从键盘上输入一个任意的整数，输出这个整数的各位数字之和。如：输入 123，输出 6；输入 2316，输出 12。

2. 编写程序：从键盘上输入一个任意整数，输出这个整数的反序。如：输入 123，输出 321；输入 1600，输出 0061。

第 3 讲　Java 基本语法(二)

同 C/C++一样，Java 也使用了 if-else、switch、while、do-while、for、return、continue、break 来进行程序的流程控制。但 Java 并不支持 goto 语句，goto 只是作为一个保留关键字。

3.1 分　支

分支是一种常用的控制程序走向的结构，分支程序利用条件表达式的结果来决定执行的路径。而 Java 中条件表达式的结果是一个 boolean 类型的值，这个值要么是 true，要么是 false，不能像 C/C++那样，可以把一个数字当成一个 boolean 值使用。

if-else 语句是控制程序流程最基本的形式，其使用形式如下：

(1) if(布尔表达式)
        语句;

(2) if(布尔表达式)
        语句;
    else
        语句;

(3) if(布尔表达式)//嵌套的 if-else
        语句;
    else if(布尔表达式)
        语句;
    …
    else
        语句;

下面是两个关于 if-else 的示例：

```
//IfElse.java
public class IfElse {
    public static void main(String[] args) {
        int n=12;
        if(n % 2 ! =0)
            System.out.println("n 是奇数");
        else
            System.out.println("n 不是奇数");
```

```
        }
    }
```

再来看一个示例代码，该代码的功能是实现将百分制的成绩转换为 A、B、C、D 和 E，代码如下：

```
//IfElseNest.java
public class IfElseNest {
    public static void main(String[] args) {
        int score=87;
        if(score >=90){
            System.out.println('A');
        }else if(score >=80){
            System.out.println('B');
        } else if(score >=70){
            System.out.println('C');
        } else if(score >=60){
            System.out.println('D');
        } else{
            System.out.println('E');
        }
    }
}
```

3.2 循　　环

Java 采用 while、do-while 和 for 来控制循环，只要循环条件满足，程序就继续循环下去，否则程序就跳出循环。

1. while 循环

while 循环的格式如下：

```
while(布尔值或布尔表达式)
        语句;
```

在 while 循环开始时，首先计算循环条件(布尔表达式的值)，结果为“真”进入循环，否则就退出循环。每次循环结束后，都要重新计算布尔表达式的值。最重要的是循环体中一定要有使布尔表达式值改变的操作。

下面的程序是使用 while 循环计算 1+2+…+100 的值：

```
//WhileTest.java
public class WhileTest {
    public static void main(String[] args) {
        int i=1;
        int sum=0;
        while (i <=100){
            sum=sum+i;
```

```
            i++;
        }
        System.out.println("sum="+sum);
    }
}
```

2. do-while 循环

do-while 循环是 while 循环的变体，其格式如下：

```
do {
    语句;
}while(布尔值或布尔表达式)
```

与 while 循环不同，do-while 循环先进入循环体，然后再计算循环条件。也就是说 do-while循环最少执行一次循环体。

下面的程序使用 do-while 循环计算 1+2+…+100 的值：

```
//DoWhileTest.java
public class DoWhileTest {
    public static void main(String[] args) {
        int i=1;
        int sum=0;
        do{
            sum=sum+i;
            i++;
        }while(i <=100);
        System.out.println("sum="+sum);
    }
}
```

3. for 循环

for 循环是使用最频繁的循环，其格式如下：

```
for(初始操作; 循环继续的条件; 每次循环后的操作){
    语句;
}
```

for 循环的步骤如下：

(1) 进行初始操作，初始操作只进行一次。

(2) 判断使循环继续的条件，如果结果为“真”，则进入循环体，否则进入步骤(4)。

(3) 循环体循环一次后，进行每次循环后的操作，然后再判断使循环继续的条件。如果为真，进入步骤(2)，否则进入步骤(4)。

(4) 跳出循环。

下面的程序使用 for 循环计算 1+2+…+100 的值：

```
//ForTest.java
public class ForTest {
    public static void main(String[] args) {
        int sum=0;
```

```
        for (int i=0; i<=100; i++){
            sum=sum+i;
        }
        System.out.println("sum="+sum);
    }
}
```

3.3 跳　　转

在循环中，可以使用 break 和 continue 来控制循环的流程。break 用来强行跳出循环，不执行循环中的剩余语句，而 continue 用来停止本次循环，然后再从循环的起始处开始下一次循环。Java 还支持带标号的 break 和 continue。

下面的代码展示了带标号的 break 的用法：

```
//LabelBreak.java
public class LabelBreak {
    public static void main(String[] args) {
        outer: for (int i=0; i< 5; i++){
            for (int j=0; j< 5; j++){
                if (i==2)break outer;
                System.out.println("i="+i);
            }
        }
    }
}
```

break 跳出的是离 break 语句最近的那层循环，而 break outer 跳出的是由 outer 标识的那层循环。

3.4 开　　关

Java 也支持开关语句 switch。根据条件，switch 可以在一系列代码中选出一段去执行。其格式如下：

```
switch(表达式){
    case 整数 1: 语句; break;
    case 整数 2: 语句; break;
    case 整数 3: 语句; break;
    …
    case 整数 n: 语句; break
    default: 语句;
}
```

要注意的是，“表达式”是能够产生“整数”的表达式，即 switch 只能接收整数。那么 char 类型不是也可以吗？当然可以，因为 char 可以自动转换为 int 类型。

下面的代码使用 switch 语句对 26 个小写英文字母进行分类，判断它们是元音还是辅音：

```
//SwitchTest.java
public class SwitchTest {
    public static void main(String[] args) {
        for(int i='a'; i<='z'; i++){
            int c=i;
            System.out.print((char)c+": "+c+": ");
            switch(c){
            case 'a':
            case 'e':
            case 'i':
            case 'o':
            case 'u': System.out.println("元音字母"); break;
            case 'y':
            case 'w': System.out.println("有时为元音字母"); break;
            default: System.out.println("辅音字母");
            }
        }
    }
}
```

3.5 本讲小结

本讲主要讲述了 Java 语言的基本语法。首先是标识符、关键字和基本数据类型，其次又对 Java 中的各种运算符进行了描述，最后对流程控制的分支、循环、跳转和开关语句进行了讲解。

课后练习

1. 编写程序：从键盘上输入任意三个整数，按照从小到大的顺序输出。
2. 编写程序：从键盘上输入任意一个年份，如 2015，判断其是否是闰年。
3. 编写程序：从键盘上输入任意两个整数，求这两个整数的最大公约数。
4. 编写程序：从键盘上输入任意两个整数，求这两个整数的最小公倍数。
5. 编写程序：打印 1000 以内的所有素数。

第 4 讲　方法和数组

同 C/C++一样，Java 对数组提供了强大的支持，且 Java 能够对数组进行边界检查，使其更加安全。Java 中的二维数组可以看成是数组的数组，每行的元素个数可以不同。

根据数据类型的不同，Java 中的参数可以分为两种：基本数据类型的参数和复合数据类型的参数。基本数据类型作为参数时传递的是数值，而复合数据类型作为参数时传递的是地址。

4.1　数　　组

Java 中的数组是具有相同类型的、用一个标识符名称封装到一起的一个基本数据类型序列或对象序列。

4.1.1　一维数组

1. 数组的声明

数组通过方括号下标操作符[ ]来定义和使用，要声明一个数组可以使用下面两种方式，其中第二种方式沿用了 C/C++的风格。

把方括号放在类型的后面：

```
int[ ]  a;
```

或者把方括号放在变量的后面：

```
int  a[ ];
```

2. 数组的初始化

声明数组后，Java 并没有给数组一个内存空间，我们只是得到了一个数组的引用，“引用”的概念在第 5 讲中会讲到。有三种初始化数组的方式：

(1) 直接赋初值。即在声明数组时直接赋值。例如：

```
//ArrayInitOne.java
public class ArrayInitOne {
    public static void main(String[] args) {
        int[] a={1, 2, 3, 4, 5, 6};
    }
}
```

决不能把上面的语句分开使用，这样编译器会报错，如：

```
int[] a;
a={1, 2, 3, 4, 5, 6};
```

（2）使用关键字 new 创建数组，如：

```
int[] a=new int[10];
```

Java 语言会确保数组被初始化(被初始化为“0”)，而且会检查数组的边界，如果越界访问则会抛出异常。使用 new 创建数组时必须指定数组的长度，然后对数组中的元素逐一赋值。逐一赋值前，数组中的元素值全部为“0”。

```
//ArrayInitTwo.java
public class ArrayInitTwo {
    public static void main(String[] args) {
        int[] a=new int[10];
        for (int i=0; i < a.length; i++){
            a[i]=i+5;
        }
    }
}
```

在一维数组中，“a.length”表示数组的长度，即数组中元素的个数。如果在创建数组时，并不知道数组要存储的元素个数，那该怎么办呢？

Java 允许创建数组时使用变量表示数组的长度，但这个变量必须先被初始化。

```
//ArrayInitThree.java
import java.util.Scanner;
public class ArrayInitThree {
    public static void main(String[] args) {
        Scanner scan=new Scanner(System.in);
        System.out.println("请输入数组的长度：");
        int x=scan.nextInt();
        int[] a=new int[x];
        for (int i=0; i < a.length; i++){
            a[i]=i+5;
        }
    }
}
```

此例中 Scanner 类是个扫描类，其创建的对象可以通过调用它相关的实例方法获得从键盘上输入的值，这个类将在第 7 讲中详细介绍。

（3）使用关键字 new 时直接赋初值，如：

```
int[] a=new int[ ]{1, 2, 3, 4, 5, };
//ArrayInitFour.java
public class ArrayInitFour {
    public static void main(String[] args) {
        int[] a=new int[]{1, 2, 3, 4, 5, };
    }
}
```

这种初始化的方式比第一种初始化的方式要灵活，因为第一种方式只能在声明数组的时候进行，而第三种方式可以把数组在创建并赋值时当做参数传递出去。如下面程序所示：

```
//ArrayInitFive.java
public class ArrayInitFive {
    public static void printArray(int[] a){
        for (int i=0; i < a.length; i++){
            System.out.print(a[i]+" ");
        }
    }
    public static void main(String[] args) {
        printArray(new int[]{1, 2, 3, 4, 5, });
    }
}
```

可以继续修改上面的程序，把创建数组的部分去掉，继而演变为可变长参数列表，当然 printArray 方法的形式也要稍加改变。

```
//VariableParameter.java
public class VariableParameter {
    public static void printArray(int... a){
        for (int i=0; i < a.length; i++){
            System.out.print(a[i]+" ");
        }
        System.out.println();
    }
    public static void main(String[] args) {
        printArray(1, 2, 3);
        printArray(1, 2, 3, 4, 5);
        printArray(1, 2, 3, 4, 5, 6, 7);
    }
}
```

3. 数组的遍历

有多种访问数组中元素的方式，常用的遍历方法有：

(1) 使用循环遍历数组中的元素。

(2) 使用 foreach 遍历数组中的元素。

Java SE5 引入了一种新的 for 语法用于数组和集合元素的遍历，即 foreach。在 foreach 中不需创建 int 类型的变量来计数，foreach 会自动计数。

(3) 使用 Arrays 类中的 toString 方法遍历数组中的元素。

Arrays 类是一个针对数组的实用工具类，在第 8 讲中会详细介绍这个类。

下面的程序展示了常用的遍历数组的方法：

```
//ArrayTraversal.java
import java.util.Arrays;
public class ArrayTraversal {
```

```
    public static void main(String[] args) {
        int[] b={1, 2, 3, 4, 5, 6, 7, 8, 9, 10, };
        //使用 for 循环遍历数组 b
        for (int i=0; i < b.length; i++){
            System.out.print(b[i]+" ");
        }
        System.out.println();
        //使用 foreach 遍历数组 b
        for (int x: b){
            System.out.print(x+" ");
        }
        System.out.println();
        //使用 Arrays 中的 toString 方法遍历数组 b
        System.out.println(Arrays.toString(b));
    }
}
```

如果使用 Eclipse 运行 foreach 时出错，那么出错的原因可能是你的 Eclipse 所使用的编译器是 1.5 之前的版本，把编译器修改为 1.5 或 1.5 之后的版本即可。修改方法如下：

鼠标右键点击程序所在的工程，在弹出的菜单中选择“Properties”，然后点击“Java Compiler”，在右边“Compiler Compliance level”的下拉列表中选择 1.5 或更高的版本。

4. 数组的复制

数组的复制有两种含义：数组变量的复制和数组中元素的复制，初学者极易混淆。

(1) 数组变量的复制。例如

```
//ArrayCopyOne.java
public class ArrayCopyOne {
    public static void main(String[] args) {
        int[] a={1, 2, 3, 4, 5, };
        int[] b=new int[5];
        b=a;
        for (int i=0; i < a.length; i++){
            System.out.print(a[i]+" ");
        }
        System.out.println();
        for (int i=0; i < b.length; i++)
            System.out.print(b[i]+" ");
    }
}
```

在上面的程序中，语句 b=a 实际上是把数组变量 a 所指向的内存空间地址赋值给了数组变量 b，这样 a 和 b 都指向了相同的内存，原来 b 所指向的空间已经成为垃圾，等待垃圾回收器回收，如图 4.1 和图 4.2 所示。

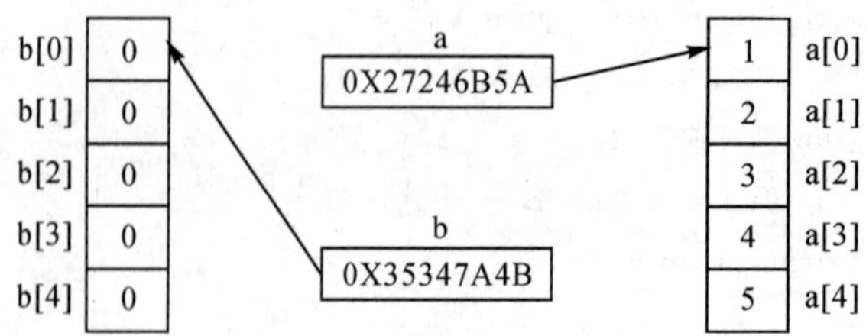

图 4.1　数组变量复制前

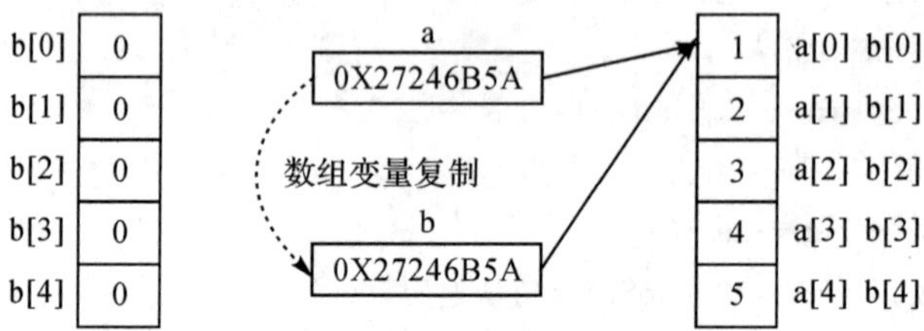

图 4.2　数组变量复制后

(2) 数组中元素的复制。在 Java 中实现数组中元素的复制，可以使用循环语句逐个复制数组中的元素，如 ArrayCopyTwo. java 代码所示，复制过程如图 4.3 和图 4.4 所示。

```
//ArrayCopyTwo. java
public class ArrayCopyTwo {
    public static void main(String[] args) {
        int[] a={1, 2, 3, 4, 5, };
        int[] b=new int[5];
        for (int i=0; i < a. length; i++){
            b[i]=a[i];
        }
        for (int i=0; i < a. length; i++){
            System. out. print(a[i]+" ");
        }
        System. out. println();
        for (int i=0; i < b. length; i++)
            System. out. print(b[i]+" ");
    }
}
```

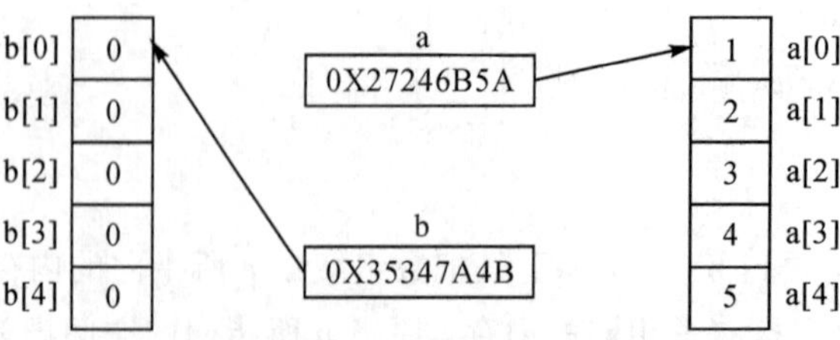

图 4.3　数组中元素复制前

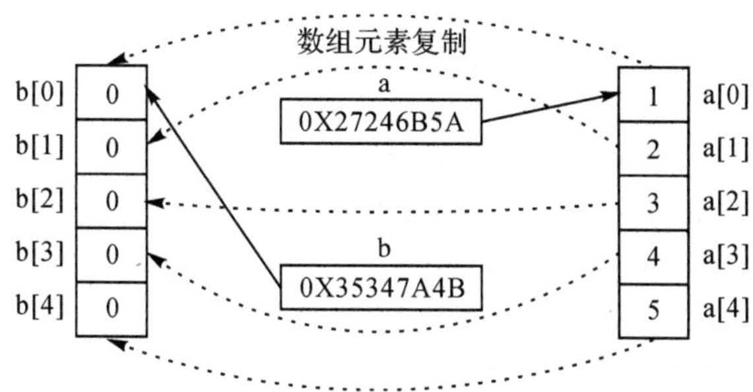

图 4.4　数组中元素复制后

5. 数组的操作

基本数据类型的数组中存储的都是相同类型的元素，而且数组的长度是固定的，所以可以使用循环对数组中的元素进行操作。主要的操作有对数组中元素的赋值，数组中所有元素求和，在数组中查找某个元素，使数组中元素乱序或对数组中元素进行排序，把数组中某个元素移动到指定位置等。读者可以自行编写相应程序实现上述操作，这里不再给出。

4.1.2　二维数组

Java 中一维数组可以存储线性元素集合，而二维数组可以存储矩阵或者二维表。与声明一维数组相同，声明二维数组也有两种方式。

(1) 把两个方括号放在类型的后面：

```
int[ ][ ]  a;
```

(2) 把两个方括号放在变量的后面：

```
int  a[ ][ ];
```

二维数组的初始化也有三种方式，下面的程序展示了这三种初始化数组的方式：

```
//DyadicArrayInit.java
public class DyadicArrayInit {
    public static void main(String[] args) {
        //声明数组时赋值
        int[][] a={{1, 2, 3}, {4, 5, 6}, {7, 8, 9}};
        //使用关键字 new 创建数组，然后逐一赋值
        int[][] b=new int[2][3];
        for (int i=0; i < b.length; i++){
            for (int j=0; j < b[i].length; j++){
                b[i][j]=i+j;
            }
        }
        //使用关键字 new 创建数组时赋值
        int[][] c=new int[][]{{10, 20, 30}, {40, 50, 60}};
        //打印三个数组
        for (int i=0; i < a.length; i++){
            for (int j=0; j < a[i].length; j++){
                System.out.print(a[i][j]+" ");
```

```
                }
                System.out.println();
            }
            for (int i=0; i < b.length; i++){
                for (int j=0; j < b[i].length; j++){
                    System.out.print(b[i][j]+" ");
                }
                System.out.println();
            }
            for (int i=0; i < c.length; i++){
                for (int j=0; j < c[i].length; j++){
                    System.out.print(c[i][j]+" ");
                }
                System.out.println();
            }
        }
    }
```

DyadicArrayInit.java 程序中的 a.length 表示数组 a 的行数，a[i].length 表示数组 a 的第 i 行元素的个数。

Java 允许二维数组每一行有不同的元素个数，因此可以把二维数组看成是数组的数组，二维数组可以分步创建并赋值。如：

```
int[][] a=new int[3][];
a[0]=new int[1];
a[1]=new int[2];
a[2]=new int[3];
```

这样创建出来的二维数组 a 第一行有 1 个元素，第二行有 2 个元素，第三行有 3 个元素。

下面的程序展示了动态创建二维数组并赋值、输出的过程：

```
//DynamicCreateArray.java
import java.util.Scanner;
public class DynamicCreateArray {
    public static void main(String[] args) {
        Scanner scan=new Scanner(System.in);
        int[][] a;
        System.out.println("请输入二维数组的行数：");
        int row=scan.nextInt();
        a=new int[row][];
        for (int i=0; i < a.length; i++){
            System.out.println("请输入二维数组第"+i+"行的元素个数");
            int count=scan.nextInt();
            a[i]=new int[count];
        }
        //初始化二维数组
```

```
        for (int i=0; i < a.length; i++){
            for (int j=0; j < a[i].length; j++){
                a[i][j]=i+j;
            }
        }
        //打印二维数组
        for (int i=0; i < a.length; i++){
            for (int j=0; j < a[i].length; j++){
                System.out.print(a[i][j]+" ");
            }
            System.out.println();
        }
    }
}
```

4.2 方　　法

Java 中习惯把“函数”称作“方法”，其基本组成包括修饰符、返回值、方法名、参数和方法体。如：

```
public static int getCount(int i, int j){
    //方法体
}
```

上面的方法定义中，public 和 static 为方法的修饰符，int 为方法返回值的数据类型，getCount 为方法的名字，“int i，int j”为参数列表，{}之间的部分为方法体。

4.2.1 方法的调用

Java 中的方法有静态方法(也称为类方法)和实例方法之分，关于它们的区别，在第 4 讲中将详细讲解，为了能够在 main 方法中直接调用，这里以静态方法(方法的修饰符为 static)为例进行讲解。

方法可以有返回值，如 getCount 方法；也可以没有返回值，这时其返回类型为 void，如：

```
public static void showCount(int i, int j){
    //方法体
}
```

调用有返回值的方法时，有两种方式，第一种方式是把其赋值给一个变量，如：

```
int count=getCount(3, 4);
```

第二种方式是直接输出其返回值，如：

```
System.out.println(getCount(3, 4));
```

如果方法的返回值为 void，那么对其的调用就只能是在 main 方法或其他方法中直接列出这个方法的名字了。如：

```
public static void main(String[] args){
```

```
        showCount(3, 4);
    }
```

下面的程序展示了方法调用：

```
//CallMethod.java
public class CallMethod {
    public static int getCount(int m, int n){
        int count=0;
        for (int i=0; i < m; i++){
            for (int j=0; j < n; j++){
                count++;
            }
        }
        return count;
    }
    public static void showCount(int m, int n){
        int count=0;
        for (int i=0; i < m; i++){
            for (int j=0; j < n; j++){
                count++;
            }
        }
        System.out.println("showCount: count="+count);
    }
    public static void main(String[] args) {
        int count=getCount(3, 4);
        System.out.println("getCount: count="+count);
        showCount(4, 5);
    }
}
```

4.2.2 变量的作用域

作用域是指变量可以在程序中引用的范围，它决定了在其定义内的变量名的可见性和生命周期。在 Java 中，作用域是由花括号“{}”的位置决定的。

在方法体中声明的变量或方法的参数称为局部变量，局部变量是有作用域的，其作用域从声明变量的地方开始，直到包含该变量的块结束为止。示例代码如下：

```
public class ScopeTest {
    public void scope(int n){
        //此处只有 n 可用
        int i=1;
        //此处只有 i 和 n 可用
        {
            int j=10;
```

```
            //此处 i、n 和 j 都可用
        }
        //此处只有 i 和 n 可用
    }
    //此处 i、n 和 j 都不可用
}
```

4.2.3　参数的传递

Java 包含两种类型的参数，即基本数据类型的参数和复合数据类型的参数。

(1) 基本数据类型的参数传递：传数值。

基本数据类型有 8 个，分别是：boolean、char、byte、short、int、long、float 和 double。基本数据类型作为参数时，传递的是数值。示例程序如下：

```
//ParameterPassOne.java
public class ParameterPassOne {
    public static void pass(int i){
        i++;
    }
    public static void main(String[] args) {
        int a=10;
        System.out.println("参数传递之前：a="+a);
        pass(a);
        System.out.println("参数传递之后：a="+a);
    }
}
```

(2) 复合数据类型的参数传递：传地址。

复合数据类型包括类类型、接口类型、数组类型等。复合数据类型作为参数时，传递的是地址。示例程序如下：

```
//ParameterPassTwo.java
public class ParameterPassTwo {
    public static void pass(int[] a){
        for (int i=0; i < a.length; i++){
            a[i]=a[i]+10;
        }
    }
    public static void main(String[] args) {
        int[] b={1, 2, 3};
        System.out.println("参数传递之前：");
        for (int i=0; i < b.length; i++){
            System.out.print(b[i]+" ");
        }
        System.out.println();
        pass(b);
```

```
            System.out.println("参数传递之后：");
            for (int i=0; i < b.length; i++){
                System.out.print(b[i]+" ");
            }
        }
    }
```

4.2.4 方法重载

在一个类中可以定义多个同名的方法称为方法重载，因此只能通过参数的不同来区分这些同名的方法，参数的不同包括参数的个数不同和参数的类型不同。如果试图通过方法返回类型的不同来区分重载方法，则编译器会报错。示例程序如下：

```
//FunctionOverloading.java
public class FunctionOverloading {
    public static void methodOne(int i){}
    public static void methodOne(double i){}
    public static void methodOne(int i, int j){}
    public static int methodOne(int i){return i;}//编译错误
    public static void main(String[] args) {
    }
}
```

4.3 本讲小结

本讲第一节主要讲述了数组的相关内容，包括一维数组的声明、初始化、元素的遍历、元素的操作，二维数组的声明、初始化等；第二节主要讲述了方法的相关内容，包括方法的定义、方法的调用、方法的参数传递及方法重载。

课后练习

1. 编写程序：实现十进制数和十六进制数之间的相互转换。

2. 编写程序：打印1000以内的所有回文素数，如131、313、757。

3. 编写程序：打印1000以内的所有反素数，如17是素数，71也是素数，称17和71是一对反素数。

4. 编写程序：打印1000以内的所有双素数。双素数是指一对差值为2的素数，如3和5、5和7。

5. 编写程序：在[10，100]区间内随机生成一个整数。

6. 编写程序：使用线性查找法在数组中查找某个元素。

7. 编写程序：使用二分查找法在数组中查找某个元素。

8. 编写程序：采用选择排序法对数组中的元素进行排序。

9. 编写程序：采用插入排序对数组中的元素进行排序。

第 5 讲　初识面向对象

面向过程意在分析出解决问题所需要的步骤，然后用函数把这些步骤一步一步地实现，使用的时候再依次调用这些函数。

面向对象是把构成问题的事务分解成各个对象。建立对象的目的不是为了完成一个步骤，而是为了描叙某个事物在整个解决问题的步骤中的行为。

面向对象技术是一种以对象为基础，以事件或消息来驱动对象执行处理的程序设计技术，它具有封装性、继承性及多态性三大特点。

5.1　面向过程程序设计与面向对象程序设计

面向过程程序设计与面向对象程序设计的根本不同在于：面向过程程序设计中属性和行为是分开的，而面向对象程序设计中属性和行为含在单个对象中。

面向对象程序设计有三大特点：

（1）封装性。封装机制将数据和代码捆绑到一起，避免了外界的干扰和不确定性。它同样允许创建对象。简单来说，一个对象就是一个封装了数据和操作这些数据的代码的逻辑实体。在一个对象内部，某些代码和(或)某些数据可以是私有的，不能被外界访问。通过这种方式，对象对内部数据提供了不同级别的保护，以防止程序中无关的部分意外的改变或错误的使用了对象的私有部分。

（2）继承性。继承是可以让某个类型的对象获得另一个类型的对象的属性的方法。它支持按级分类的概念，例如知更鸟属于飞鸟类也属于鸟类，这种分类的原则是：每一个子类都具有父类的公共特性。

（3）多态性。多态是面向对象程序设计的另一个重要概念。多态的意思是事物具有不同形式的能力。举个例子，对于不同的实例，某个操作可能会有不同的行为，这个行为依赖于所要操作数据的类型。比如说加法操作，如果操作的数据是数，它对两个数求和；如果操作的数据是字符串，则它将两个字符串连接起来。

5.2　创建新的数据类型

在 Java 基本语法的讲解中我们了解到，可以使用系统已定义过的基本数据类型来创建变量。那么，我们怎么创建新的数据类型呢？这就必须借助关键字 class。新类型的名字必须遵循 Java 中标识符的命名规则，如：

```
class NewTypeName {
```

```
    //类的主体
}
```

新类型在命名时，尽量保持Java的风格，即首字母要大写，如果名字由多个单词组成的话，每个单词的首字母都要大写，尽量做到“见名知意”。

类名后面的一对花括号“{}”之间的部分是类体，类体中可以定义数据域和动作。Java使用变量表示对象的属性，使用方法表示对象的行为。示例程序如下：

```
//Circle.java
public class Circle {
    double radius=2.0;
    void setRadius(int newRadius){
        radius=newRadius;
    }
    double getRadius(){
        return radius;
    }
    double getArea(){
        return radius * radius * Math.PI;
    }
}
```

名为Circle的类已经完成，现在可以用它来创建对象了，如：

```
Circle c=new Circle();
```

一个对象是类的一个实例，一个类可以创建多个实例，创建实例的过程称为实例化。“对象”和“实例”在一定程度上可以互换。

类是创建对象的模板，同一个类创建的多个对象互不相同，即这些对象在内存(对象存储在堆中，堆是一块内存区域)中拥有各自的存储空间，这些对象可以拥有自己的属性值。

假如使用Circle类创建了两个对象c1、c2：

```
Circle c1=new Circle();
Circle c2=new Circle();
```

则c1和c2的内存模型如图5.1所示。

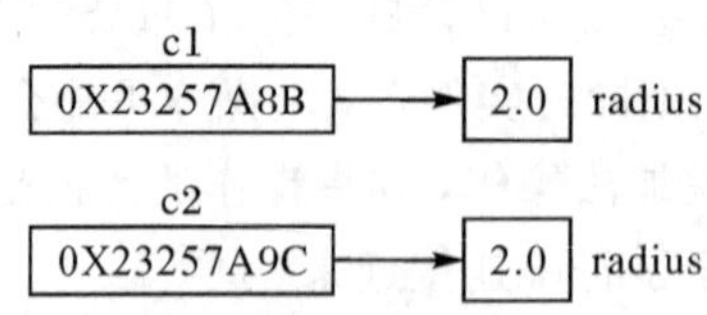

图5.1 Circle类创建的多个不同对象

要想运行Circle类还必须为其添加main方法，main方法是整个程序的入口。一个.java文件中可以包含多个类，但最多只能有一个类是public(访问权限修饰符)的，这个类称为主类，main方法一般要放在主类中。下面程序中创建了一个主类TestRectangle，用于测试Rectangle的功能：

```
//TestRectangle.java
class Rectangle{
```

```
        double side=1.0;
        double getArea(){
            return side * side;
        }
    }
    public class TestRectangle {
        public static void main(String[] args) {
            Rectangle r=new Rectangle();
        }
    }
```

5.3 类的成员

类是创建对象的模板，是同一类对象的抽象，对象的属性和行为都应该在类中得到体现。因此，类中定义了两种类型的成员：成员变量和成员方法。

5.3.1 成员变量

根据有无 static 修饰符修饰，成员变量又分为类变量(静态变量)和实例变量。

(1) 有 static 修饰的变量称为类变量，也叫静态变量。此种类型的变量存储于内存中的静态存储区，在类被加载时得到初始化，即使没有任何对象被创建。

(2) 没有 static 修饰的变量称为实例变量。此种类型的变量存储于堆中对象的空间内，在创建对象时被初始化。如：

```
    classGraduatedStudent{
        int age;
        static int grade;
    }
```

在 Student 类中，age 为实例变量，属于对象所有，存储于每个对象的空间中，所以每个对象可以有不同的年龄。grade 为类变量，由所有使用 GraduatedStudent 类创建的对象共同所有，即所有对象都有共同的年级。下面的程序展示了类变量与实例变量的不同：

```
    //TestStatic.java
    class GraduatedStudent {
        int age=20;
        static int grade=2014;
    }
    public class TestStatic{
        public static void main(String[] args){
            GraduatedStudent tom=new GraduatedStudent();
            GraduatedStudent jim=new GraduatedStudent();
            System.out.println("tom 的年龄："+tom.age);
            System.out.println("jim 的年龄："+jim.age);
```

```
        System.out.println("tom的年级："+tom.grade);
        System.out.println("jim的年级："+jim.grade);
        tom.age=21;
        jim.age=22;
        tom.grade=2012;
        jim.grade=2013;
        System.out.println("tom的年龄："+tom.age);
        System.out.println("jim的年龄："+jim.age);
        System.out.println("tom的年级："+tom.grade);
        System.out.println("jim的年级："+jim.grade);
        System.out.println("grade的使用方式："+GraduatedStudent.grade);
    }
}
```

5.3.2 成员方法

与类变量和实例变量的区别相同，根据有无 static 修饰符修饰，成员方法分为类方法（静态方法）和实例方法。

（1）有 static 修饰的方法称为类方法，也叫静态方法。即使没有任何对象被创建，也可以被调用。

（2）没有 static 修饰的方法称为实例方法。只有对象被创建后，才能通过对象的引用来调用。

下面代码展示了类方法与实例方法的不同：

```
//TestStaticMethod.java
public class TestStaticMethod {
    void method(){
        System.out.println("method()");
    }
    static void staticMethod(){
        System.out.println("staticMethod()");
    }
    public static void main(String[] args) {
        staticMethod();
        //method();
        TestStaticMethod t=new TestStaticMethod();
        t.staticMethod();
        t.method();
        TestStaticMethod.staticMethod();
    }
}
```

5.4 构造方法

创建对象时，关键字 new 需要配合构造方法一起使用。构造方法是一种特殊的方法，其作用就是初始化，即为对象的属性赋值。构造方法有以下特点：

(1) 构造方法的名字必须与类的名字相同。

(2) 构造方法没有返回类型；

(3) 构造方法可以重载。

现在再回到 Rectangle 类，可以使用多种方法创建 Rectangle 类的对象，即为 Rectangle 定义多个构造方法。示例程序如下：

```
//TestRectangleTwo.java
class Rectangle{
    double side=1.0;
    Rectangle(){}
    Rectangle(double newSide){
        side=newSide;
    }
    double getArea(){
        return side * side;
    }
}
public class TestRectangleTwo {
    public static void main(String[] args) {
        Rectangle r1=new Rectangle();
        Rectangle r2=new Rectangle(2.0);
        Rectangle r3=new Rectangle(3.0);
        System.out.println("r1 的面积="+r1.getArea());
        System.out.println("r2 的面积="+r2.getArea());
        System.out.println("r3 的面积="+r3.getArea());
    }
}
```

上面程序中我们为 Rectangle 类定义了两个构造方法：一个 Rectangle()，没有参数，称为无参构造方法；另一个 Rectangle(double newSide)，称为有参构造方法。

注意：在 TestRectangle.java 中，我们并没有为 Rectangle 类定义任何构造方法，为什么还可以使用 new Rectangle()创建对象呢？

思考：把 TestRectangleTwo.java 程序中，Rectangle 类的无参构造方法注释掉后，观察程序是否能够正常运行。

5.5 通过引用访问对象

要给新创建的对象在内存(堆)中分配空间，它们可以通过引用类型的变量来访问。

5.5.1 引用类型和引用类型变量

在Java中的引用类型，是指除了基本的变量类型之外的所有类型，所有的类型在内存中都会分配一定的存储空间(形参在使用的时候也会分配存储空间，方法调用完成之后，这块存储空间自动消失)。

基本的变量类型只有一块存储空间，这块空间被分配在stack中；而引用类型有两块存储空间：一块在stack中，用于存放引用类型的变量；另一块在heap中，用于存放对象。

一个类是程序员自己定义的类型，就是一种引用类型，任何使用该类声明的变量都可以引用(指向)该类的一个实例。如：

```
Rectangle r1=new Rectangle();
```

r1为Rectangle类型的引用类型变量，它可以指向Rectangle类的实例。

5.5.2 引用类型变量和基本类型变量的区别

每个变量都代表一个“存储值”的内存地址。变量的声明实际上就是告诉编译器这个变量可以存储什么类型的值。

对于基本类型的变量，其内存储的值是基本类型值。而引用类型变量其内存储的是对象在堆中的存储地址值。

例如变量a为基本类型，而b为引用类型，则定义如下：

```
int a=10;
Rectangle b=new Rectangle();
```

a和b的区别如图5.2所示。

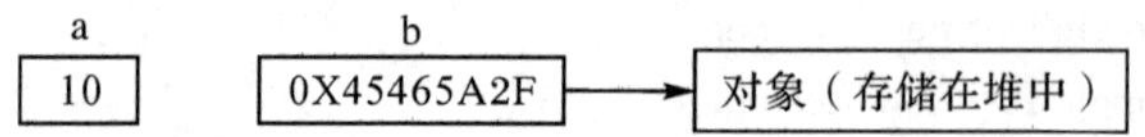

图5.2 基本类型变量和引用类型变量区别图

类的成员变量也可以是引用类型的，如Pupil类中的name：

```
public class Pupil {
    String name;
    int age;
}
```

上例中的name只是被声明，并没有被赋值。因此，当创建Pupil的对象时，name被初始化为null。

5.5.3 点语法

创建对象后，怎么使用其成员呢？这就要借助点语法了。Java使用引用变量后加“.”的方式，来访问这个引用变量所指向的对象中的成员，如：

```
Pupil p=new Pupil();
p.age=10;
System.out.println(p.name);
```

5.5.4 再论参数传递

在 4.2.3 节中，我们讨论了 Java 中参数的传递，得出结论：Java 中参数传递的是值，只不过基本数据类型传递的是数值，而复合数据类型传递的是地址。

在 Java 中，基本数据类型之外的所有类型都属于复合数据类型，所以除基本数据类型传的是数值外，其他类型传递的都是地址值，也就是引用值。下面的代码展示了对象作为参数传递：

```
//ObjectParaPass.java
class MyClass{
    int a=10;
}
public class ObjectParaPass {
    static void testPass(MyClass m){
        m.a=m.a+10;
    }
    public static void main(String[] args) {
        MyClass m1=new MyClass();
        System.out.println("传递前：m1.a="+m1.a);
        testPass(m1);
        System.out.println("传递后：m1.a="+m1.a);
    }
}
```

ObjectParaPass.java 程序的运行结果为：

```
传递前 m1.a=10
传递后 m1.a=20
```

但下面的程序又使我们陷入了迷惑：

```
//StringParaPass.java
public class StringParaPass {
    static void testPass(String s){
        s=s+"end!";
    }
    public static void main(String[] args) {
        String s="Hello";
        System.out.println("传递前 s="+s);
        testPass(s);
        System.out.println("传递后 s="+s);
    }
}
```

StringParaPass.java 程序的运行结果为：

```
传递前 s=Hello
传递后 s=Hello
```

按照4.2.3节得出的结论，String类型的s应该属于引用类型。程序的结果应该是：传递后s=Helloend!。这是为什么呢？读者可以思考原因。

5.6 关键字this

关键字this表示“当前对象的引用”，总结起来有以下几种用法：

1. 区分同名的局部变量和成员变量

当一个类的成员变量的名字与这个类中某个函数中的局部变量的名字相同时，可用this区分。下面的程序展示了这种用法：

```
//TestThisOne.java
public class TestThisOne {
    int i=10;
    TestThisOne(int i){
        this.i=i;
    }
    void printI(){
        System.out.println("i="+i);
    }
    public static void main(String[] args) {
        TestThisOne t=new TestThisOne(100);
        t.printI();
    }
}
```

2. 返回当前对象的引用

this可以作为函数的返回值，如下面的程序所示：

```
//TestThisTwo.java
public class TestThisTwo {
    int i=0;
    TestThisTwo increment(){
        i++;
        return this;
    }
    void printI(){
        System.out.println("i="+i);
    }
    public static void main(String[] args) {
        new TestThisTwo().increment().increment().increment().printI();
    }
}
```

3. 在构造方法中调用构造方法

既然构造方法可以重载，那么使用一个构造方法创建对象时可以借助另外一个构造方法，这时必须借助 this。示例代码如下：

```
//TestThisThree.java
public class TestThisThree {
    int i=0, j=0;
    TestThisThree(int i){
        this.i=i;
    }
    TestThisThree(int i, int j){
        this(i);
        this.j=j;
    }
    void printIJ(){
        System.out.println("i="+i+", j="+j);
    }
    public static void main(String[] args) {
        new TestThisThree(10, 20).printIJ();
    }
}
```

5.7 对象数组

第 4 讲中讲述了怎样创建基本数据类型数组的方法，在 Java 中还可以创建存放对象的数组。例如在下面的代码中 stu 为 Student 类型的数组，可以存放 Student 类所创建的对象：

```
//ObjectArray.java
class Student{
    int age;
    String name;
    Student(){}
    Student(int age, String name){
        this.age=age;
        this.name=name;
    }
    void PrintInfo(){
        System.out.println(name+"的年龄是"+age);
    }
}
public class ObjectArray {
    public static void main(String[] args) {
```

```
            Student[] stu={new Student(18, "Tom"), new Student(20, "Jim")};
            for (int i=0; i < stu.length; i++){
                stu[i].PrintInfo();
            }
        }
    }
```

5.8 数据的存储

作为一个优秀的程序员，应该清楚自己创建的数据被存储在什么地方。有五个地方可以存储数据：

(1) 寄存器。寄存器存在于处理器的内部，存取速度最快、价格最高、数量有限。寄存器是由编译器根据需要分配的，不能由程序员通过代码控制，只能查看其状态。

(2) 堆栈(stack)。堆栈位于通用的RAM中，处理器通过堆栈指针控制它们。当需要分配一块新的内存时，堆栈指针便往后移动；需要释放内存时，指针则往前移动。这种存储方式速度快(仅次于寄存器)，效率高。但需频繁移动指针，限制了程序的灵活性，所以只能用于存放对象引用以及基本类型数据，不能用于存储Java对象。

(3) 堆(heap)。堆是一种通用的内存空间，也位于RAM中，用来存放所有的Java对象。heap不同于stack之处在于，编译器不需知道究竟要从heap中分配多少空间，也不需知道从heap上分配的空间究竟需要存在多久。因此，在heap上分配存储空间可以获得高度的弹性。当需要产生对象时，只需在程序中使用new，则执行的时候，便会从heap上分配空间。当然，你得为这样的弹性付出代价：从heap分配空间以及进行清理，要比在stack上花费更多的时间。

(4) 静态存储区和常量存储区。静态存储区域是指在固定的位置存放应用程序运行时一直存在的数据，Java在内存中专门划分了一个静态存储区域来管理一些特殊的数据变量，如静态数据变量。需要明确的是，Java对象不存储在这里，而只是把对象中的一些特殊元素放置于此。

在Java中，由于常量(如圆周率)的值是稳定不变的，因此一般把其直接存储在代码内部。但在嵌入式系统开发中，会把常量跟代码分开来保存，这时常量被存入只读存储器(ROM)中。

(5) 非RAM存储。流对象和持久化对象是完全存活于程序之外的，它们不受程序的控制。流对象可以被转换为字节流存储到另一台机器上。被持久化的对象可以存储在硬盘上。

以上几种存储方式的存取速度从高到低依次为：寄存器、堆栈、堆、其他。

5.9 本讲小结

本讲主要介绍了面向对象程序设计与面向过程程序设计的区别，成员变量、成员方法和构造方法，对象的引用，以及对象数组和数据的存储。

课后练习

1. 简述面向过程程序设计和面向对象程序设计的异同。
2. 编程说明面向对象程序设计的三个特性。
3. 静态变量和实例变量的区别是什么？
4. 简述 this 关键字的作用。
5. 简述 Java 中数据的存储。

第6讲　访问控制

在设计一个类时，可能会考虑该类中哪些成员可以公开，哪些成员只能对特定对象公开，哪些成员对任何对象都不公开？Java通过使用访问控制修饰符和包来实现这一目的。

6.1　包

Java使用包来组织类。包的名字使用小写字母，如果一个包中存在子包，那么包名和其子包名之间使用"."隔开，包和其中的类之间也用"."隔开，如：

```
java.util.Date;
```

其中java为系统核心包，util为java包中的一个子包，而Date为util中的一个类。因为一个包中可能包含多个类，所以也可以使用"*"表示所有类，如：

```
java.util.*;
```

表示java.util包中的所有类。

在一个包中，类的名字是唯一的，为了创建独一无二的包名，Java利用操作系统层次化的文件结构来解决，即在一个文件夹中不能有相同名字的文件或文件夹。

6.1.1　系统的包

在第5讲中讲述了系统常用类的用法，这些类都存在于特定的包中。Java SE中有三种类型的包，分别是核心包java.*、扩展包javax.*和组织包org.*。

要想使用这些类的功能，必须借助于一个关键字import，不要误以为其功能类似于C/C++中的include，其实两者完全不同。

当编译器遇到一个类名(如Date)时，就会在当前的编译单元(文件)中找，如果你没有定义Date类，那么编译器就会顺着import语句指定的包去找，最终找到java.util.Date。前提是你必须设置好环境变量CLASSPATH，在IDE中可能会自动设置。

思考：复习使用JDK+EditPlus开发时，怎么设置环境变量CLASSPATH？

6.1.2　自己创建的包

当然，也可以自己创建包用来存放一些有用的类，从而在以后的编程中方便自己使用，或者让别人使用。包使用关键字package来声明，如：

```
package jin.util;
```

就像倒置的域名一样，包从左到右，范围从大到小，即jin包含util。如下面程序代码创建了一个包含打印功能的包：

```
//Print.java
```

```
package jin.util;
public class Print {
    //带换行的打印
    public static void println(Object obj){
        System.out.println(obj);
    }
    //打印换行
    public static void println(){
        System.out.println();
    }
    //不带换行的打印
    public static void print(Object obj){
        System.out.print(obj);
    }
    //格式打印
    public static void printf(String format, Object... args){
        System.out.format(format, args);
    }
}
```

可以在其他包中引入 Print 类，示例代码如下：

```
//TestMyPack.java
package ch6;
    import jin.util.*;
    public class TestMyPack {
        public static void main(String[] args) {
        Print.print("引入下面的包：");
        Print.println();
        Print.print("jin.util");
    Print.printf("%s", ".*;");
    }
}
```

6.1.3　打包

可以把自己写好的程序进行打包，即制作成 jar 包。jar 包可以加载到 Java 的 IDE 中，也可以由环境变量 CLASSPATH 指定，以便在其他程序中使用。打包的方式有多种，可以使用 jar 命令，也可以使用 Java IDE 中的打包功能。

1. 使用 jar 命令

在命令行中输入 jar，会显示出 jar 命令的用法，前提是系统必须配置好 Java 的开发环境，如图 6.1 所示。

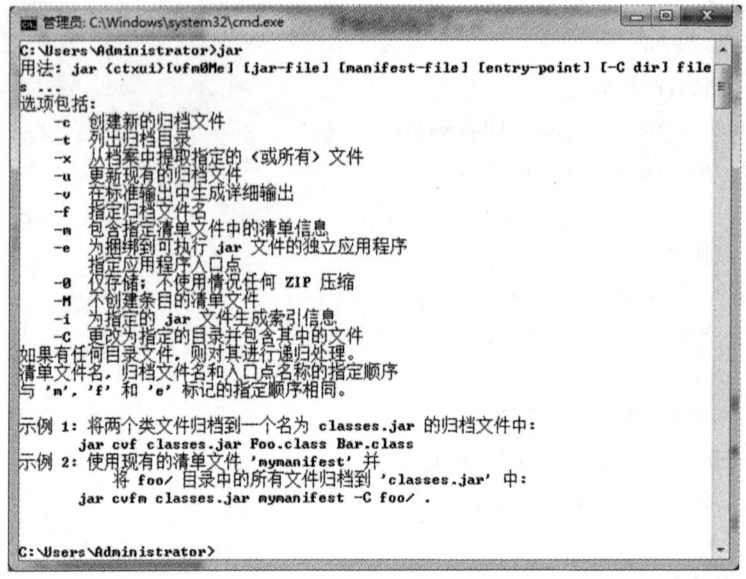

图 6.1 jar命令的用法

若要生成一个名为 jin.jar 的可执行 jar 文件(文件名可以是任意合法名字)，可以按照如下步骤进行：

(1) 把程序生成的所有字节码文件(即.class 文件)放在同一个目录下(如：D：/tool/)。

(2) 在该目录下新建一个名为 manifest.mf 的清单文件，文件内容如下：

```
Main-Class：jarDemo
```

注意：jarDemo 代表主类名，只能有一个，不要文件扩展名；Main 与 Class 中间不是下划线，而是短横线；Main-Class：与 jarDemo 中间必须要有空格；Main-Class：jarDemo 之后必须要回车。

(3) 在命令行把光标转换到 D：/tool/目录下，然后使用 jar 命令生成 jin.jar 文件。

```
jar  cvfm  jin.jar  manifest.mf  *.class
```

在命令行中进入到 jin.jar 所在的目录，执行 java—jar jin.jar 就可以看到该程序被成功执行了。

2. 使用 Eclipse

使用 Eclipse 能够很方便地生成 jar 包，可以打包成一般的 jar 包，也可以打包成可运行的 jar 包。

1) 打包成一般的 jar 包

(1) 在要打包的项目上右击，选择“Export”；

(2) 在弹出的窗口中，选择“Java→JAR File”，然后点击“Next”按钮；

(3) 在 JAR File Specification 窗口中，设置打包成的文件名和存放位置，点击“Next”；

(4) 点击“Finish”按钮，完成打包。

2) 打包成可运行的 jar 包

(1) 在要打包的项目上右击，选择“Export”；

(2) 在弹出的窗口中，选择“Java”→“Runnable JAR File”，然后点击“Next”按钮；

(3) 在 Runnable JAR File Specification 窗口中，选择"Launch configuration"和"Export destination"；

(4) 点击"Finish"按钮，打包完成。

6.2　访问权限修饰符

一个 Java 应用有很多类，但是有些类，并不希望被其他类使用。每个类中都有数据成员和方法成员，但是并不是每个数据和方法，都允许在其他类中被调用。那么，如何能做到访问控制呢？这就需要使用访问权限修饰符。

Java 语言中的访问权限修饰符有四种，但是仅有三个关键字：public、protected 和 private，是因为在 Java 中被称为默认权限(或默认包访问)的访问权限修饰符没有关键字，为了便于统一描述，这里使用 default 来代表。

6.2.1　成员的访问权限

Java 中的四种访问权限修饰符都可以修饰类的成员。

(1) 公共权限 public：被 public 修饰的成员，可以在任何一个类中被调用，不管同包或不同包，是权限最大的一个修饰符。

(2) 受保护权限 protected：被 protected 修饰的成员，能在定义它们的类中以及同包的类中被调用。如果有不同包中的类想调用它们，那么这个类必须是它们的子类。

(3) 默认权限 default：成员的前面不写任何关键字。默认权限即同包权限，同包权限的元素只能在定义它们的类中，以及同包的类中被调用。

(4) 私有权限 private：被 private 修饰的成员，只能在定义它们的类中使用，在 其他类中不能被调用。

表 6.1 列出了这四种访问权限修饰符的权限。

表 6.1　成员的访问权限

可见/访问性	在同一类中	同一包中	不同包中	同一包子类中	不同包子类中
public	√	√	√	√	√
protected	√	√	×	√	√
default	√	√	×	√	×
private	√	×	×	×	×

6.2.2　类的访问权限

四种访问权限修饰符中，只有 public 和默认权限用来修饰类。当然，这里的类不包含内部类(第 12 讲中将要讲述内部类的相关内容)。

当然，这四种访问权限修饰符除了能修饰类以及类的成员外，还可以修饰构造方法。

6.3 本讲小结

本讲首先讲述了Java中包的相关内容，包括系统的包、自己创建的包以及怎么打包；其次讨论了访问权限修饰符，包括公共访问权限、受保护访问权限、默认访问权限和私有访问权限。

课后练习

1. 使用jar命令把自己的程序打包。
2. 使用Eclipse把自己的程序打包。
3. 编写程序测试成员的访问权限。

第 7 讲　系统常用类(一)

Java 没有提供类似于 C 语言中的 Scanf()方法从键盘上得到输入，而是采用 I/O 或 Scanner 类的方法来完成从键盘、文件、内存等媒介中获取数据。

字符串有可变长字符串和不可变长字符串之分，而对字符串进行比较时，很容易犯的错误就是使用“＝＝”。

Java 提供了数据包装类来实现基本数据类型与对象之间的转换。

7.1　Scanner 类

Scanner 是一个可以使用正则表达式来解析基本类型和字符串的简单文本扫描器。它使用分隔符模式将其输入分解为标记，默认情况下该分隔符模式与空白匹配，然后可以使用不同的 next 方法将得到的标记转换为不同类型的值。

Scanner 常用的构造方法有三类。

(1) Scanner(File source)：构造一个新的 Scanner，其生成值来自于指定文件的文件。

(2) Scanner(InputStream source)：构造一个新的 Scanner，其生成值来自于指定的输入流。

(3) Scanner(String source)：构造一个新的 Scanner，其生成值来自于指定的字符串。

Scanner 类中定义了多个方法，读者可以阅读 JDK API 文档，这里就不再列出。下面的代码展示了第三个构造方法的用法：

```
//TestScanner.java
import java.util.Scanner;
public class TestScanner {
    public static void main(String[] args) {
        Scanner scan=new Scanner("Hello tom! I am learning Java");
        System.out.println(scan.nextLine());
    }
}
```

7.2　字符串

Java 中的字符串分为不可变长字符串(字符串常量)和可变长字符串(字符串变量)。

7.2.1　不可变长字符串

不可变长字符串也称字符串常量，由 String 类创建，而且创建方式多样。如：

```
String s1="HelloWorld!";
String s2=new String("HelloWorld!");
```

Java 程序中的所有字符串字面值(如 "abc")都作为此类的实例实现。因为它是常量，所以其值在创建之后不能更改。

思考：下面程序中字符串“HelloWorld”改变了吗？

```
String s3="HelloWorld";
s3=s3+"!";
```

“HelloWorld”的值没有改变，而 s3 又指向了一个新的字符串“HelloWorld!”。下面的程序可以测试这种情况：

```
//TestString.java
public class TestString {
    public static String addString(String s1){
        s1=s1+"def";
        return s1;
    }
    public static void main(String[] args) {
        String s="abc";
        System.out.println(s);
        addString(s);
        System.out.println(s);
    }
}
```

因为字符串常量不能更改，所以对字符串常量的操作主要是检索字符串中的单个字符、比较字符串、搜索字符串、提取子字符串、创建字符串副本并将所有字符全部转换为大写或小写等操作。要深入了解 String 类中的方法，读者可以阅读 JDK API 文档。

7.2.2 可变长字符串

由 StringBuffer 和 StringBuilder 创建的字符串是可变长字符串，称为字符串变量。如：

```
StringBuilder s5=new StringBuiler("HelloWorld!");
```

对字符串变量的操作主要是添加、删除、修改等能够改变字符串内容和长度的操作，相关方法的用法请查阅 JDK API 文档。下面的程序测试 StringBufer 类创建的字符串是可变长的：

```
//TestStringBuffer.java
public class TestStringBuffer {
    public static StringBuffer addStringBuffer(StringBuffer buf1){
        return buf1.append("def");
    }
    public static void main(String[] args) {
        StringBuffer buf=new StringBuffer("abc");
        System.out.println(buf);
        addStringBuffer(buf);
        System.out.println(buf);
    }
```

```
}
```

StringBuffer 和 StringBuilder 类的区别：StringBuffer 是线程安全的，能保证同步，而 StringBuilder 不是线程安全的，不能保证同步。

在设计单线程的程序时 StringBuilder 的性能要高于 StringBuffer。而在设计多线程程序时，要保证线程安全，这时就必须使用 StringBuffer 了。

下面的代码能够测试在单线程中三个类(String、StringBuffer 和 StringBuilder)的效率：

```
//StringBufferAndBuilder.java
public class StringBufferAndBuilder {
    private static final String base="base string.";
    private static final int count=2000000;
    public static void stringTest() {
        long begin, end;
        begin=System.currentTimeMillis();
        String test=new String(base);
        for (int i=0; i < count/100; i++) {
            test=test+" add ";
        }
        end=System.currentTimeMillis();
        System.out.println("String 使用了"+(end-begin)+"毫秒");
    }
    public static void stringBufferTest() {
        long begin, end;
        begin=System.currentTimeMillis();
        StringBuffer test=new StringBuffer(base);
        for (int i=0; i < count; i++) {
            test=test.append(" add ");
        }
        end=System.currentTimeMillis();
        System.out.println("StringBuffer 使用了"+(end-begin)+"毫秒");
    }
    public static void stringBuilderTest() {
        long begin, end;
        begin=System.currentTimeMillis();
        StringBuilder test=new StringBuilder(base);
        for (int i=0; i < count; i++) {
            test=test.append(" add ");
        }
        end=System.currentTimeMillis();
        System.out.println("StringBuilder 使用了"+(end-begin)+"毫秒");
    }
    public static void main(String[] args) {
        stringTest();
        stringBufferTest();
```

```
        stringBuilderTest();
    }
}
```

StringBufferAndBuilder.java 是单线程程序，只有一个主线程 main。从程序的运行结果可以看出：采用 String 对象时，即使运行次数仅是采用其他对象的 1/100，其执行时间仍然比其他对象高出 10 倍以上；而采用 StringBuffer 对象和采用 StringBuilder 对象的差别也比较明显，前者是后者的 2 倍左右。

除了对多线程的支持不一样外，StringBuffer 类和 StringBuilder 类的使用几乎没有任何差别。

7.2.3 字符串的比较

在设计程序时，很多时候需要比较两个字符串是否相同，可以使用 String 类中的 equals(Object anObject)方法，而"s1==s2"是对 s1 和 s2 中存储的地址值进行比较。下面的程序测试了这两种比较方式：

```
//TestEqualsOne.java
public class TestEqualsOne {
    public static void main(String[] args) {
        String s1="abc";
        String s2="abc";
        String s3=new String("abc");
        String s4=new String("abc");
        System.out.println("s1==s2: "+(s1==s2));
        System.out.println("s2==s3: "+(s2==s3));
        System.out.println("s3==s4: "+(s3==s4));
        System.out.println("------------");
        System.out.println("s1.equals(s2): "+(s1.equals(s2)));
        System.out.println("s2.equals(s3): "+(s2.equals(s3)));
        System.out.println("s3.equals(s4): "+(s3.equals(s4)));
    }
}
```

在 TestEqualsOne.java 程序中，需要注意的是，Java 在存储字符串常量时(如"abc")采用了一种优化的策略，在内存中只存储一份，所以 s1 和 s2 都指向了"abc"。而 s3 和 s4 都是使用 new 来创建字符串的，所以在堆里面有两个"abc"，分别由 s3 和 s4 来指向。

在 String 类中 equals()方法进行了重写，用来比较两个字符串内容是否相等。而在 Object 类中，equals()方法用来比较地址。下面的程序展示了 Object 类中 equals()方法的用法：

```
//TestEqualsTwo.java
class MyClass{
    int i=1;
    /*
    public boolean equals(MyClass m){
        return this.i==m.i;
    }
```

```
        */
    }
    public class TestEqualsTwo {
        public static void main(String[] args) {
            MyClass m1=new MyClass();
            System.out.println("m1.i="+m1.i);
            MyClass m2=new MyClass();
            System.out.println("m2.i="+m2.i);
            System.out.println("m1.equals(m2)="+m1.equals(m2));
        }
    }
```

在 TestEqualsTwo.java 程序中，equals()方法比较的是 m1 和 m2 的地址值是否相等，可以在 MyClass 类中对 equals()方法进行重写让其比较内容。

7.3　数据包装类

Java 是面向对象的语言，但基本数据类型和 static 却是非面向对象的。想要对基本类型数据进行更多的操作，最方便的方式就是将其封装成对象，因为在对象描述中可以定义更多的属性和行为。Java 为每个基本数据类型提供了一个数据包装类，如表 7.1 所示。

表 7.1　基本数据类型的数据包装类

基本类型	包装类
boolean	Boolean
char	Character
byte	Byte
short	Short
int	Integer
long	Long
float	Float
double	Double

本节以 int 类型的数据包装类 Integer 为例来展示数据包装类存在的好处：

1. 基本数据类型和对象类型之间的转换

下面的代码展示了数据包装类可以使基本数据类型和对象类型自由转换：

```
//DataWrapperOne.java
public class DataWrapperOne {
    public static void main(String[] args) {
        int a=125, b=236;
        Integer i1=new Integer(a);
        Integer i2=Integer.valueOf(b);
        int x=i1.intValue();
```

```
            int y=i2.intValue();
        }
    }
```

自动装箱(也称自动包装)和自动解包(也称自动拆箱)是JDK 1.5版本之后增加的新特性，即基本数据类型和对象类型之间的转换可以自动进行，如下面的代码所示：

```
//AutoBoxAndUnbox.java
public class AutoBoxAndUnbox {
    public static void main(String[] args) {
        int a=new Integer(100); //自动拆箱
        Integer i=200; //自动装箱
    }
}
```

2. 基本数据类型和字符串之间的转换

下面的代码展示了数据包装类可以使基本数据类型和字符串自由转换：

```
//DataWrapperTwo.java
public class DataWrapperTwo {
    public static void main(String[] args) {
        String s1="245";
        int a=Integer.parseInt(s1);
        int b=123;
        String s2=Integer.toString(b);
    }
}
```

7.4 本讲小结

本讲主要讲述了Scanner类的使用、可变长字符串和不可变成字符串用法、字符串的比较，以及数据包装类及其用法。

课后练习

1. 把下面字符串中的数值进行从小到大的排序，生成一个数值有序的字符串。

排序前：12　－36　22　1　14　78　－9

排序后：－36　－9　1　12　14　22　78

2. 编写程序实现十进制与二进制、十进制与八进制、十进制与十六进制之间的相互转换。

第 8 讲　系统常用类(二)

在 Java 中还有一些常用类必须为程序员所熟悉，如日期和时间类，格式化输出类、操作数组的工具 Arrays 类、包含数学公式的 Math 类、产生随机数的 Random 类等。

8.1　日期和时间类

日期在 Java 中是一块非常复杂的内容，对于一个日期在不同的语言国别环境中，日期的国际化、日期和时间之间的转换、日期的加减运算、日期的展示格式都是非常复杂的问题。

在 Java 中日期和时间类主要涉及 Date、DateFormat、SimpleDateFormat、Calendar 和 GregorianCalendar 等五个类。

8.1.1　Date 类

Date 类表示特定的瞬间，精确到毫秒。从 JDK 1.1 开始，Date 类中的大部分方法已经不推荐使用了，原因是这些方法不能满足国际化的要求。取而代之的是应该使用 Calendar 类实现日期和时间字段之间的转换，使用 DateFormat 类来格式化和分析日期字符串。下面是使用 Date 的一段代码：

```
//DateDemo.java
import java.util.Date;
public class DateDemo {
    public static void main(String[] args) {
        Date now=new Date();
        System.out.println("当前时间为："+now);
    }
}
```

上面代码中的时间是按照“星期，月，日，时，分，秒，年”的顺序输出的，如果想把顺序调整为中国人的习惯，就必须对 Date 对象进行格式化。

8.1.2　DateFormat 类

DateFormat 是日期/时间格式化子类的抽象类，它以与语言无关的方式格式化并分析日期或时间。

下面的程序代码是按照美国的方式格式化日期/时间的：

```
//DateFormatUSADemo.java
import java.text.DateFormat;
import java.util.Date;
```

```
public class DateFormatUSADemo {
    public static void main(String args[]){
        //得到日期的 DateFormat 对象
        DateFormat df1=DateFormat.getDateInstance();
        //得到日期/时间的 DateFormat 对象
        DateFormat df2=DateFormat.getDateTimeInstance();
        //输出格式化后的日期/时间
        System.out.println("DATE:"+df1.format(new Date()));
        System.out.println("DATETIME:"+df2.format(new Date()));
    }
}
```

下面的程序代码是按照中国的方式格式化日期/时间的：

```
//DateFormatChinaDemo.java
import java.text.DateFormat;
import java.util.Date;
import java.util.Locale;
public class DateFormatChinaDemo {
    public static void main(String args[]){
        DateFormat df1=DateFormat.getDateInstance(DateFormat.YEAR_FIELD, new
        Locale("zh", "CN"));
        DateFormat df2=DateFormat.getDateTimeInstance(DateFormat.YEAR_FIELD,
        DateFormat.ERA_FIELD, new Locale("zh", "CN"));
        System.out.println("DATE:"+df1.format(new Date()));
        System.out.println("DATETIME:"+df2.format(new Date()));
    }
}
```

8.1.3 SimpleDateFormate 类

SimpleDateFormat 是一个以与语言环境相关的方式来格式化和分析日期的具体类。它允许进行格式化(日期→文本)、分析(文本→日期)和规范化。

SimpleDateFormat 可以选择任何用户定义的日期—时间格式的模式。但是，仍然建议通过 DateFormat 中的 getTimeInstance、getDateInstance 或 getDateTimeInstance 来创建新的日期—时间格式化程序。

下面的程序代码展示了采用自定义格式来格式化当前的日期/时间：

```
//SimpleDateFormatDemo.java
import java.text.SimpleDateFormat;
import java.util.Date;
public class SimpleDateFormatDemo {
    public static void main(String[] args) {
        Date now=new Date();
        String s="北京时间：yyyy年MM月dd日，E，HH：mm：ss";
        SimpleDateFormat f=new SimpleDateFormat(s);
```

```
        System.out.println(f.format(now));
    }
}
```

8.1.4 Calendar 类

Calendar 是个抽象类，是系统时间的抽象表示。此类中定义了多个方法用于"特定瞬间"与日历(如 YEAR、MONTH、DAY_OF_MONTH、HOUR 等)之间的转换，对日历字段进行操作。"特定瞬间"可用毫秒值来表示，它是距历元(即格林尼治标准时间 1970 年 1 月 1 日的 00：00：00.000，格里高利历)的偏移量。

Calendar 提供了一个类方法 getInstance 以获得此类型的一个通用的对象，其日历字段已由当前日期和时间初始化。一个 Calendar 的实例是系统时间的抽象表示，从 Calendar 的实例可以知道年、月、日、星期、月份、时区等信息。Calendar 类中有一个静态方法 get(int x)，通过这个方法可以获取到相关实例的一些值(年、月、日、星期、月份等)的信息。参数 x 是一个产量值，在 Calendar 中有定义。

使用 Calendar 时，要注意其中的陷阱：

(1) Calendar 的星期是从周日开始的，常量值为 0。

(2) Calendar 的月份是从一月开始的，常量值为 0。

(3) Calendar 的每个月的第一天的值为 1。

下面程序代码展示了 Calendar 类的用法：

```
//CalendarDemo.java
import java.util.Calendar;
public class CalendarDemo {
    public static void main(String[] args){
        //定义一个具体的日期 2012－05－31 17：02：20
        System.out.println("------定义一个具体的日期------");
        Calendar c=Calendar.getInstance();
        c.set(2012, 5, 31, 17, 02, 20); //
        System.out.println(c.getTime());
        //获得这个日期的各个组成部分
        System.out.println("------获得日期的各个组成部分------");
        System.out.println("年："+c.get(Calendar.YEAR));
        System.out.println("月："+(c.get(Calendar.MONTH)+1));
        System.out.println("日："+c.get(Calendar.DAY_OF_MONTH));
        System.out.println("时："+c.get(Calendar.HOUR_OF_DAY));
        System.out.println("分："+c.get(Calendar.MINUTE));
        System.out.println("秒："+c.get(Calendar.SECOND));
        System.out.println("星期："+(c.get(Calendar.DAY_OF_WEEK)-1));
        System.out.println("\n");
    }
}
```

8.1.5 GregorianCalendar 类

GregorianCalendar 是 Calendar 的一个具体子类，提供了世界上大多数国家使用的标准日历系统，经常结合 Calendar 抽象类使用。

下面程序代码展示了 GregorianCalendar 类的用法：

```
import java.util.Calendar;
import java.util.Date;
import java.util.GregorianCalendar;
public class GregorianCalendarDemo {
    public static void main(String[] args) {
        GregorianCalendar now1=new GregorianCalendar();
        GregorianCalendar now2=new GregorianCalendar(2014, 10, 30, 15, 55, 44);
        //通过日期和毫秒数设置 Calendar
        now1.setTime(new Date());
        System.out.println(now1);
        now1.setTimeInMillis(new Date().getTime());
        System.out.println(now1);
        System.out.println("---------通过 Calendar 获取相关信息---------");
        System.out.println("年："+now2.get(Calendar.YEAR));
        System.out.println("月："+now2.get(Calendar.MONTH));
        System.out.println("日："+now2.get(Calendar.DAY_OF_MONTH));
        System.out.println("时："+now2.get(Calendar.HOUR));
        System.out.println("分："+now2.get(Calendar.MINUTE));
        System.out.println("秒："+now2.get(Calendar.SECOND));
        System.out.println("上午、下午："+now2.get(Calendar.AM_PM));
        System.out.println("星期："+now2.get(Calendar.DAY_OF_WEEK));
        System.out.println("----------通用星期中文化转换----------");
        String dayOfWeek[]={"", "日", "一", "二", "三", "四", "五", "六"};
        System.out.println("now2 是："+dayOfWeek[now2.get(Calendar.DAY_OF_
                    WEEK)]);
        System.out.println("----------通用月份中文化转换----------");
        String months[]={"一月", "二月", "三月", "四月", "五月", "六月", "七月",
                    "八月", "九月", "十月", "十一月", "十二月"};
        System.out.println("now2 是："+months[now2.get(Calendar.MONTH)]);
    }
}
```

8.2 格式化输出类

格式化输出类包括 printf()和 format()函数、String format()函数以及 Formatter 类。

8.2.1　printf()和 format()

从 Java SE5 开始 Java 推出了类似于 C 语言中 printf()风格的格式化输出，实现这一格式化输出的函数都被定义在 PrintStream 类中。下面的程序代码展示了这种用法：

```
//PrintfDemo.java
public class PrintfDemo {
    public static void main(String[] args) {
        int a=10;
        double b=2.3;
        String s="HelloWorld";
        System.out.printf("a=%d\n", a);
        System.out.printf("b=%f\n", b);
        System.out.printf("s=%s\n", s);
        System.out.printf("----------\n");
        System.out.format("a=%d\n", a);
        System.out.format("b=%f\n", b);
        System.out.format("s=%s\n", s);
    }
}
```

从上面的程序可以看出，printf()与 format()的功能是相同的。

8.2.2　String.format()

从 Java SE5 开始，String 类中增加了关于字符串格式化输出的函数 format()，此函数的返回类型为 String。下面程序代码展示了 format()函数的用法：

```
//StringFormatDemo.java
public class StringFormatDemo {
    static void showAdd(int a, int b){
        String add=Integer.toString(a+b);
        String sum=String.format("%d+%d=%s", a, b, add);
        System.out.println(sum);
    }
    public static void main(String[] args) {
        int a=10, b=20;
        showAdd(a, b);
    }
}
```

8.2.3　Formatter 类

在 Java 中，所有新的格式化功能都由 Formatter 类来处理，此类提供了对布局对齐和排列的支持，以及对数值、字符串和日期/时间数据的常规格式和特定于语言环境的输出的支持。

Formatter 类有多个构造函数，详情请查阅 JDK API 文档。下面程序代码展示了 Formatter类的用法：

```
//FormatterDemo.java
import java.util.Formatter;
public class FormatterDemo {
    public static void main(String[] args) {
        String s1="左上角坐标为：";
        String s2="右下角坐标为：";
        int x1=10, y1=10, x2=100, y2=100;
        Formatter f=new Formatter(System.out);
        f.format("%s(%d, %d)\n", s1, x1, y1);
        f.format("%s(%d, %d)", s2, x2, y2);
    }
}
```

8.3 Arrays 类

Arrays 类包含用来操作数组的各种方法，比如排序、搜索、复制、比较等。相关方法的用法请查阅 JDK API 文档。下面程序展示了 Arrays 类中部分方法的用法：

```
//ArraysDemo.java
import java.util.Arrays;
public class ArraysDemo {
    //打印数组
    public static void printArray(int[] array) {
        if (array != null) {
            for (int i=0; i < array.length; i++) {
                System.out.print(array[i]+" ");
            }
        }
        System.out.println();
    }
    public static void main(String[] args) {
        int[] array=new int[5];
                //填充数组
        Arrays.fill(array, 5);
        ArraysDemo.printArray(array);
        //将数组的第 2 和第 3 个元素赋值为 8
        Arrays.fill(array, 2, 4, 8);
        ArraysDemo.printArray(array);
        int[] array1={7, 8, 3, 2, 12, 6, 3, 5, 4};
        //对数组的第 2 个到第 6 个元素进行排序
        Arrays.sort(array1, 2, 7);
```

```
        ArraysDemo.printArray(array1);
        //对整个数组进行排序
        Arrays.sort(array1);
        ArraysDemo.printArray(array1);
        //比较数组元素是否相等
        System.out.println(Arrays.equals(array, array1));
        int[] array2=array1.clone();
        //比较克隆后数组元素是否相等
        System.out.println(Arrays.equals(array1, array2));
        //使用二分搜索算法查找在有序数组中查找
        Arrays.sort(array1);
        System.out.println(Arrays.binarySearch(array1, 3));
        //如果不存在就返回负数
        System.out.println(Arrays.binarySearch(array1, 9));
    }
}
```

8.4　Math 类

Math 类包含用于执行基本数学运算的方法，如初等指数、对数、平方根和三角函数，相关方法的用法请查阅 JDK API 文档。下面的程序展示了 Math 类中一些常用方法的用法：

```
//MathDemo.java
public class MathDemo {
    public static void main(String args[]){
        //abs 求绝对值
        System.out.println(Math.abs(-10.4)); //10.4
        System.out.println(Math.abs(10.1)); //10.1
        //ceil 天花板的意思，就是返回大的值，注意一些特殊值
        System.out.println(Math.ceil(-10.1)); //-10.0
        System.out.println(Math.ceil(10.7)); //11.0
        System.out.println(Math.ceil(-0.7)); //-0.0
        System.out.println(Math.ceil(0.0)); //0.0
        System.out.println(Math.ceil(-0.0)); //-0.0
        //floor 地板的意思，就是返回小的值
        System.out.println(Math.floor(-10.1)); //-11.0
        System.out.println(Math.floor(10.7)); //10.0
        System.out.println(Math.floor(-0.7)); //-1.0
        System.out.println(Math.floor(0.0)); //0.0
        System.out.println(Math.floor(-0.0)); //-0.0
        //max 两个中返回大的值，min 和它相反，就不举例了
        System.out.println(Math.max(-10.1,-10)); //-10.0
        System.out.println(Math.max(10.7, 10)); //10.7
```

```
            System. out. println(Math. max(0. 0,-0. 0)); //0. 0
            //random 取得一个大于或者等于 0. 0 小于不等于 1. 0 的随机数
            System. out. println(Math. random()); //[0. 0, 1. 0)之间的随机 double 值
            System. out. println(Math. random()); //[0. 0, 1. 0)之间的随机 double 值
            //rint 四舍五入，返回 double 值，注意. 5 的时候会取偶数
            System. out. println(Math. rint(10. 1)); //10. 0
            System. out. println(Math. rint(10. 7)); //11. 0
            System. out. println(Math. rint(11. 5)); //12. 0
            System. out. println(Math. rint(10. 5)); //10. 0
            System. out. println(Math. rint(10. 51)); //11. 0
            System. out. println(Math. rint(-10. 5)); //-10. 0
            System. out. println(Math. rint(-11. 5)); //-12. 0
            System. out. println(Math. rint(-10. 51)); //-11. 0
            System. out. println(Math. rint(-10. 6)); //-11. 0
            System. out. println(Math. rint(-10. 2)); //-10. 0
            //round 四舍五入，float 时返回 int 值，double 时返回 long 值
            System. out. println(Math. round(10. 1)); //10
            System. out. println(Math. round(10. 7)); //11
            System. out. println(Math. round(10. 5)); //11
            System. out. println(Math. round(10. 51)); //11
            System. out. println(Math. round(-10. 5)); //-10
            System. out. println(Math. round(-10. 51)); //-11
            System. out. println(Math. round(-10. 6)); //-11
            System. out. println(Math. round(-10. 2)); //-10
        }
    }
```

8.5 System 类

System 类代表系统，系统级的很多属性和控制方法都放置在该类的内部。由于该类的构造方法是 private 的，所以无法创建该类的对象，也就是无法实例化该类。其内部的成员变量和成员方法都是 static 的，所以也可以很方便地进行调用。

下面代码中使用 System 类获取当前操作系统的名字和用户名：

```
//SystemDemo. java
public class SystemDemo {
    public static void main(String[] args) {
        String osName=System. getProperty("os. name");
        String user=System. getProperty("user. name");
        System. out. println("当前操作系统是："+osName);
        System. out. println("当前用户是："+user);
    }
}
```

8.6　Random 类

Random 类中实现的随机算法是伪随机，也就是有规则的随机。在进行随机时，随机算法的起源数字称为种子数(seed)，在种子数的基础上进行一定的变换，从而产生需要的随机数字。

相同种子数的 Random 对象，相同次数生成的随机数字是完全相同的。也就是说，两个种子数相同的 Random 对象，第一次生成的随机数字完全相同，第二次生成的随机数字也完全相同。这点在生成多个随机数字时需要特别注意。

Random 类有两个构造方法。

(1) Random()：使用一个和当前系统时间对应的相对时间有关的数字作为种子数，然后使用这个种子创建一个新的随机数生成器。

(2) Random(long seed)：使用单个 long 类型的种子创建一个新的随机数生成器。

8.7　Class 类

类是程序的一部分，每个类都有一个 Class 类型的对象用来保存这个类的信息。每当编写并编译了一个新类，就会产生一个 Class 类型的对象，实际上这个对象被保存在一个同名的. class 文件中。

所有的类都是在第一次使用时，被"类加载器"动态加载到 JVM 中的。一个 Java 程序可能会包含多个类，只有用到的类才被动态加载。因此，Java 程序在开始运行之前并没有被完全加载，其各个部分是在必须时才加载的。

当遇到某个类时，类加载器首先检查这个类的 Class 对象是否已经加载，如果没有加载，它就会根据类名查找. class 文件，把. class 装载到内存。一旦这个类的. class 文件(里面包含这个类的 Class 对象)被加载到内存，它就被用来创建这个类的所有对象。

获得 Class 对象的方式有三种：

(1) 利用对象调用 getClass()方法获取该对象的 Class 实例。

(2) 使用 Class 类中的静态 forName()方法获得与字符串对应的 Class 对象。例如：Class c1＝Class. forName("MyObject")；，MyObject 必须是接口或者类的名字。

(3) 运用. class 的方式来获取 Class 实例，对于基本数据类型的封装类，还可以采用. TYPE来获取相对应的基本数据类型的 Class 实例。例如：

```
Class c2=Manager. class;
```

有关 Class 类中的常用方法，读者可以查阅 JDK API 文档。下面的程序代码分别使用了三种方法获得 Class 对象：

```
//ClassObject. java
class MyClass{}
public class ClassObject {
    public static void main(String[] args) {
```

```
        MyClass pt=new MyClass();
        Class<? > c1=pt.getClass();
        System.out.println("方式一："+c1.getName());
        try{
            Class<? > c2=Class.forName("ch5.MyClass");
            System.out.println("方式二："+c2.getName());
        }
        catch(ClassNotFoundException e){
            e.printStackTrace();
        }
        Class<? > c3=MyClass.class;
        System.out.println("方式三："+c3.getName());
        Class<? > c4=int.class;
        System.out.println("基本数据类型："+c4.getName());
        Class<? > c5=Integer.TYPE;
        System.out.println("包装类："+c5.getName());
        Class<? > c6=Integer.class;
        System.out.println("包装类："+c6.getName());
    }
}
```

8.8 本讲小结

本讲主要讲述了Java中的一些常用类，包括日期和时间类、数组工具类、数学类、系统类、随机数类等。

课后练习

1. 从键盘输入任意两个日期，两个日期之间使用回车键换行，输出这两个日期之间相差的天数。输入日期的格式为：年/月/日。

如：

输入："2013/12/01"

"2013/12/05"

输出：相差4天

2. 使用Math.random()生成任一整数，使其属于区间[10, 120)。并总结出在任意区间[a, b]中生成一个整数的公式。

3. 使用Random类生成任一整数，使其属于区间[10, 120]。

4. 编写程序：使用蒙地卡罗方法估算π值。

关于蒙地卡罗的说明：蒙地卡罗为摩洛哥王国之首都，该国位于法国与意大利国境，以赌博闻名。蒙地卡罗的基本原理为以乱数配合面积公式来进行解题，这种以机率来解题的方式带有赌博的意味，虽然在精确度上有所疑虑，但其解题的思考方向却是个值得学习的方式。

解法：

蒙地卡罗的解法适用于与面积有关的题目，例如求 PI 值或椭圆面积，这里介绍如何求 PI 值。假设有一个圆半径为 1，所以四分之一圆面积就为 PI/4，而包括此四分之一圆的正方形面积就为 1，如图 8.1 所示。

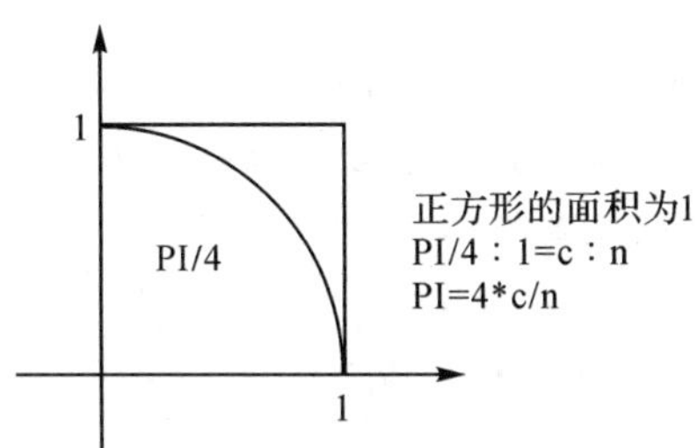

图 8.1　四分之一圆的正方形面积

如果随意地在正方形中投射飞标(点)，则这些飞标(点)有些会落于四分之一圆内，有些会落在圆外。假设所投射的飞标(点)有 n 点，在圆内的飞标(点)有 c 点，则依比例来算，就会得到图 8.1 中最后的公式。

至于如何判断所产生的点落于圆内，很简单，令乱数产生 X 与 Y 两个数值，如果 X^2+Y^2 等于 1 就是落在圆内了。

第9讲 继承和多态

Java通过两种方式来实现代码的复用，即组合和继承。组合是指创建新类时，新类中的成员是由现有类的对象组成，这种方式比较直观；而继承是指在现有类的基础上添加新的代码。这两种方式都不会破坏原有代码。

9.1 组　　合

在创建新类时，可以使用已有类的对象作为新类的成员，当然也可以创建基本数据类型的成员。下面的程序代码展示了组合技术：

```
//CompositionDemo.java
class Wheel{
    int count;
    Wheel(int count){
        this.count=count;
    }
}
class Door{
    int count;
    Door(int count){
        this.count=count;
    }
}
class Engine{
    double displacement;
    Engine(double displacement){
        this.displacement=displacement;
    }
}
class Car{
    String name;
    Wheel wheel=new Wheel(4);
    Door carDoor=new Door(4);
    Engine carEngine=new Engine(3.0);
    Car(String name){
        this.name=name;
```

```
        }
    }
    public class CompositionDemo {
        public static void main(String[] args) {
            Car car=new Car("宝马 X6");
            System.out.println("车名："+car.name);
            System.out.println("排量："+car.carEngine.displacement);
            System.out.println("门："+car.carDoor.count);
            System.out.println("轮子："+car.wheel.count);

        }
    }
```

上述代码中，类 Car 是由类 String、类 Wheel、类 Door 和类 Engine 组合而成的。

9.2　继　　承

继承是面向对象程序设计中不可缺少的部分，Java 是单根继承，不支持类似 C++ 中的多继承。所以在 Java 中有一个“祖先”类，名为 Object，所有类都直接或间接的继承它，所有对象(包括数组)都实现这个类的方法。

9.2.1　继承的语法

表明“继承”时，使用关键字 extends，如：

```
class Person{
}
class Student extends Person{
}
```

上面程序中类 Student 继承于 Person 类，Person 类称为父类或基类，Student 类称为子类或派生类。而在定义 Person 类时，并没有为其指定父类，它默认的继承 Object 类，只不过“extends Object”可以省略，即“class Person extends Object{}”可以省略。

子类继承父类时，将得到父类中的所有成员，只是有的成员能够直接使用，有的成员只能间接使用。下面的程序代码证明了这一点：

```
//ExtendsDemo.java
class Person{
    public String name;
    protected int age;
    String address;
    private double salary;
    public void setSalary(double salary){
        this.salary=salary;
    }
    public double getSalary(){
```

```
            return salary;
        }
    }
    class Student extends Person{
        Student(){}
        Student(String name1, int age1, String address1, double salary1){
            name=name1;
            age=age1;
            address=address1;
            setSalary(salary1);
        }
    }
    public class ExtendsDemo {
        public static void main(String[] args) {
            Student s=new Student("Tom", 20, "China", 5000);
            System.out.println("姓名:"+s.name);
            System.out.println("年龄:"+s.age);
            System.out.println("地址:"+s.address);
            System.out.println("薪水:"+s.getSalary());
        }
    }
```

在上面的程序中，子类 Student 继承了父类 Person 的所有成员，但 Person 中的私有成员 salary，只能通过 setSalary()方法和 getSalary()方法间接访问。

9.2.2 父类的初始化

当创建一个子类的对象时，该对象中包含了一个父类的对象。这个存在于子类对象中的父类对象同单独使用父类创建的对象一模一样，而且父类对象要先被初始化，这个初始化的动作是由构造方法来完成的。下面的程序代码证明了这一点：

```
//PortableComputer.java
class ElectricalEquipment{
    ElectricalEquipment(){
        System.out.println("ElectricalEquipment()");
    }
}
class Computer extends ElectricalEquipment {
    Computer(){
        System.out.println("Computer()");
    }
}
public class PortableComputer extends Computer {
    PortableComputer(){
        System.out.println("PortableComputer()");
```

```
    }
    public static void main(String[] args) {
        PortableComputer myPc=new PortableComputer();
    }
}
```

上面程序的输出结果为：

```
ElectricalEquipment()
Computer()
PortableComputer()
```

从上面程序的运行结果可以看出，创建子类的对象时，父类的构造方法先被调用，用来初始化包含在子类对象中的父类对象。

ElectricalEquipment 类和 Computer 类中只定义了无参构造方法，即创建子类对象中的父类对象时，使用的是父类的无参构造方法。那么能不能使用父类的有参构造方法呢？答案是肯定的，修改 PortableComputer. java 程序后的代码如下：

```
//修改后的 PortableComputer. java
class ElectricalEquipment{
    ElectricalEquipment(){
        System. out. println("ElectricalEquipment()");
    }
    ElectricalEquipment(int i){
        System. out. println("ElectricalEquipment("+i+")");
    }
}
class Computer extends ElectricalEquipment {
    Computer(){
        System. out. println("Computer()");
    }
    Computer(int i){
        super(i);
        System. out. println("Computer("+i+")");
    }
}
public class PortableComputer extends Computer {
    PortableComputer(){
        System. out. println("PortableComputer()");
    }
    PortableComputer(int i){
        super(i);
        System. out. println("PortableComputer("+i+")");
    }
    public static void main(String[] args) {
        PortableComputer myPc=new PortableComputer();
```

```
            System.out.println("--------------------");
            PortableComputer myPc2=new PortableComputer(2);
        }
    }
```

在修改后的 PortableComputer.java 程序中，每个类都定义了有参构造方法，在子类的构造方法中借助关键字 super 来调用父类的有参构造方法。而有关 super 的其他用法将在 9.2.5 节中介绍。

关于子类构造方法中调用父类的构造方法的规则，现总结如下：

(1) 父类没有定义任何构造方法或只定义了无参构造法，在创建子类对象时，会先无条件的调用父类的无参构造方法来初始化一个父类对象。

(2) 父类只定义了有参构造方法，在创建子类的对象时，在子类构造方法中必须使用关键字 super 来代替父类的构造方法，而且 super 必须是子类构造方法的第一条语句。

(3) 父类既定义了无参构造方法，也定义了有参构造方法，在创建子类的对象时，可以使用 super 调用父类的有参构造方法，也可以不使用 super，这时系统会自动调用父类的无参构造方法。

9.2.3 再论方法重载

在一个类中可以定义多个同名的方法，这些方法通过参数的不同(参数的个数不同或类型不同)来区分，称为方法的重载。在父类中定义了某个方法，而在子类中也定义了名字相同的方法，但两个方法的参数不同，这也是构成了重载。下面的程序代码展示了这种情况：

```
//OverloadInExtend.java
class School {
    void show(int i){
        System.out.println("show("+i+")");
    }
    void show(int i, int j){
        System.out.println("show("+i+", "+j+")");
    }
}
class University extends School {
    void show(char c){
        System.out.println("show("+c+")");
    }
}
public class OverloadInExtend {
    public static void main(String[] args) {
        University u=new University();
        u.show(1);
        u.show(2, 3);
        u.show('a');
```

```
        }
    }
```

在 University 类中有三个 show 方法：show(char c)、show(int i)和 show(int j)，三个方法构成重载方法，其中后两个 show 方法是从父类 School 中继承过来的。

9.2.4　变量的隐藏和方法的重写

因为子类可继承父类中的方法，所以子类不需要重新编写相同的方法。但有时子类并不想原封不动地继承父类的方法，而是想做一定的修改，这就需要采用方法的重写。方法重写又称方法覆盖；若子类中的方法与父类中的某一方法具有相同的方法名、返回类型和参数表，则新方法将覆盖原有的方法。

子类中也可以定义与父类中名字相同的成员变量，因为名字相同，在子类中从父类继承过来的这个变量被隐藏了。

下面的程序代码展示了方法的重写和变量的隐藏：

```
//Overriding.java
class Tree {
    double height=10.2;
    void printHeight(){
        System.out.println("Tree height："+height);
    }
    void printName(String name){
        System.out.println("Tree name："+name);
    }
}
class Pine extends Tree {
    double height=20.3;
    void printHeight(){
        System.out.println("Pine tree height："+height);
    }
    void printName(String name){
        System.out.println("Pine tree name："+name);
    }
}
public class Overriding {
    public static void main(String[] args) {
        Pine p=new Pine();
        p.printName("MyTree");
        p.printHeight();
    }
}
```

9.2.5　super 关键字

在 9.2.2 节中证明了：在创建子类的对象时，会先创建一个父类的对象。那么，怎么去引用里面的父类对象呢？答案是使用 super。this 指的是当前对象的引用，而 super 是当前对象里面的父类对象的引用。下面是 super 的用法：

（1）在子类构造方法中调用父类构造方法。示例程序如 Square.java 程序。

（2）在子类中访问被重写的父类方法。

（3）在子类中访问被隐藏的父类成员变量。

修改 Overriding.java 程序，在子类 Pine 中访问被隐藏的变量和被重写的方法。修改后的程序如下：

```
//修改后的 Overriding.java
class Tree {
    double height=10.2;
    void printHeight(){
        System.out.println("Tree height: "+height);
    }
    void printName(String name){
        System.out.println("Tree name: "+name);
    }
}
class Pine extends Tree {
    double height=20.3;
    void printHeight(){
        System.out.println("Pine tree height: "+height);
    }
    void printName(String name){
        System.out.println("Pine tree name: "+name);
    }
    void callTreePrintName(String name){
        super.printName(name);
    }
    double getTreeHeight(){
        return super.height;
    }
}
public class Overriding {
    public static void main(String[] args) {
        Pine p=new Pine();
        p.printName("MyPine");
        p.printHeight();
        System.out.println("-------------------");
        p.callTreePrintName("MyTree");
        System.out.println(p.getTreeHeight());
    }
}
```

9.3　final 关键字

被关键字 final 修饰的东西是不能被修改的。final 可以修饰变量、方法和类。

9.3.1　final 修饰的变量

声明 final 字段有助于优化器作出更好的优化决定，因为如果编译器知道字段的值不会更改，那么它能安全地在寄存器中高速缓存该值。final 字段还通过让编译器强制该字段为只读来提供额外的安全级别。

final 修饰的变量一旦被初始化便不可改变，这里不可改变的意思对基本类型来说是其值不可变，而对于复合数据类型来说其引用不可再变。

关键字 final 修饰的变量也可以定义为 static，称为静态常量，在内存中占据一段不能改变的存储区域。表示静态常量的名字全部用大写字母。

下面程序展示了 final 的用法：

```
//FinalData.java
public class FinalData {
    final int a=1;
    static final int B=2;
    final int[] c={1, 2, 3, 4, 5};
    public static void main(String[] args) {
        FinalData f=new FinalData();
        /*
        f.a=10; //编译错误
        FinalData.B=20; //编译错误
        f.c=new int[10]; //编译错误
        */
        f.c[0]=10;
        for (int i=0; i < f.c.length; i++){
            System.out.print(f.c[i]+" ");
        }
    }
}
```

9.3.2　空白 final

在 Java 中，如果在声明变量时不给其赋值，系统可以对其进行自动初始化，基本类型变量自动初始化为 0，其余类型变量自动初始化为空。但是 final 类型的变量必须显示初始化，且初始化只能在两个地方进行：一是在定义处，二是在构造方法中。且不能同时既在定义时赋值，又在构造方法中赋值。

如果在声明 final 的变量时没有给其赋值，则称为空白 final，这个变量只有一次赋值机会，那就是在构造方法时。下面程序展示了空白 final 的赋值：

```
//BlankFinal.java
public class BlankFinal {
    private final int a; //空白 final
    void setA(int a){
        //this.a=a; //编译错误
    }
    BlankFinal(int a){
        this.a=a;
    }
    public static void main(String[] args) {
        BlankFinal blankFinal=new BlankFinal(10);
        //blankFinal.a=20; //编译错误
        System.out.println(blankFinal.a);
    }
}
```

9.3.3 final 修饰的方法

如果一个类不允许其子类覆盖（重写）某个方法，则可以把这个方法声明为 final 的方法。另外，类中所有的 private 方法都被隐含为是 final 修饰的。由于无法取用 private 方法，则也无法对其重载。下面的程序代码测试了 final 方法：

```
//FinalMethodDemo.java
class FinalMethod{
    final void show(){
        System.out.println("show() in FinalMethod");
    }
    private void pMethod1(){
        System.out.println("pMethod1 in FinlaMethod");
    }
    private final void pMethod2(){
        System.out.println("pMethod1 in FinlaMethod");
    }
}
public class FinalMethodDemo extends FinalMethod {
    //final void show(){}//编译错误，不能重写(覆盖)show()方法
    private void pMethod1(){
        System.out.println("pMethod1 in FinalMethodDemo");
    }
    private final void pMethod2(){
        System.out.println("pMethod1 in FinalMethodDemo");
    }
    public static void main(String[] args) {
        FinalMethodDemo f1=new FinalMethodDemo();
```

```
            f1.pMethod1();
            f1.pMethod2();
            System.out.println("----------------------------");
            FinalMethod f2=f1;
            //f2.pMethod1();
            //f2.pMethod2();
        }
    }
```

9.3.4 final 修饰的参数

当函数的参数为 final 类型时，可以读取使用该参数，但是无法改变该参数的值。

另外，方法的参数被其内部类使用时，必须被声明为 final 类型(将在第 12 讲中讲解内部类的相关内容)。

```
//FinalArgument.java
public class FinalArgument {
    void show(final String s){
        //s=s+"!"; //编译错误
        System.out.println(s);
    }
    public static void main(String[] args) {
        FinalArgument f=new FinalArgument();
        f.show("hello");
        f.show("java");
    }
}
```

9.3.5 final 修饰的类

final 修饰的类不能被继承，因此 final 类的成员方法没有机会被覆盖，默认都是 final 修饰的。在设计类时候，如果这个类不需要有子类，类的实现细节不允许改变，并且确信这个类以后不会再被扩展，那么就设计为 final 类。

```
//FinalClassDemo.java
final class FinalClass{
    void show(){} //默认被 final 修饰
}
public class FinalClassDemo extends FinalClass{ //编译错误
    public static void main(String[] args){

    }
}
```

9.4 多　　态

多态是指同一操作作用于不同的对象，可以有不同的解释，产生不同的执行结果。多态可以消除类型间的耦合关系。要理解 Java 中的多态，必须理解向上转型和动态绑定。

9.4.1　向上转型

在 Java 中，子类能够继承父类的所有成员，这是继承的重要作用，但继承最重要的作用在于能够表现父类和子类之间的关系，这种关系就是：能够把子类对象当做父类对象来使用。

```
//DrawShape.java
class Shape {}
class Circle extends Shape {}
public class DrawShape {
    public static void main(String[] args) {
        Shape s=new Shape();
        Shape c=new Circle(); //向上转型
    }
}
```

上面程序中，把子类 Circle 创建的对象赋值给了父类 Shape 类型的引用 c，即父类的引用 c 指向的是子类对象。在 Java 中，这种现象被称之为向上转型。之所以是向上转型，是因为在继承关系中，父类在子类的上层(Java 是单根继承的)，如图 9.1 所示。

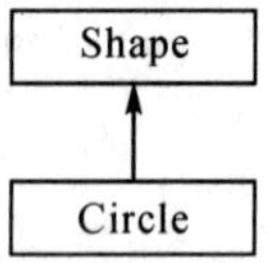

图 9.1　类的继承关系图

在向上转型过程中，可能会发生方法的丢失，因为子类是父类的一个超集，可能比父类包含更多的方法。但这种转型总是安全的，因为子类继承了父类中所有的成员。可对 DrawShape.java 程序进行修改：

```
//修改后的 DrawShape.java
class Shape {
    void print(){
        System.out.println("print()");
    }
}
class Circle extends Shape {
    void printR(){
        System.out.println("printR()");
    }
}
public class DrawShape {
    public static void main(String[] args) {
        Shape s=new Shape();
        s.print();
```

```
            System.out.println("---------");
            Circle c=new Circle();
            c.print();
            c.printR();
            System.out.println("---------");
            Shape u=new Circle(); //向上转型
            u.print();
            //u.printR(); //方法丢失
        }
    }
```

9.4.2 动态绑定

如果子类重写了父类中的方法，子类对象向上转型后，使用父类引用调用这些重写的方法会产生什么结果呢？继续修改 DrawShape.java 程序：

```
//继续被修改的 DrawShape.java
class Shape {
    void print(){
        System.out.println("Shape");
    }
}
class Circle extends Shape {
    void print(){
        System.out.println("Circle");
    }
}
public class DrawShape {
    public static void main(String[] args) {
        Shape s=new Shape();
        s.print();
        Circle c=new Circle(); //向上转型
        c.print();
    }
}
```

程序运行结果：

```
Shape
Circle
```

从上面程序的运行结果可以看出：父类引用 c 指向的是子类对象，但 c.print()调用的是子类中重写过的方法。产生这种结果的原因是“动态绑定”。

将一个方法调用同一个方法主体关联起来被称作绑定。若在程序执行前进行绑定，叫做前期绑定(C 语言是前期绑定)。在运行时根据对象的类型进行的绑定称为后期绑定，也称为动态绑定或运行时绑定。

9.4.3 多态的好处

正是因为Java对于非私有的实例方法采用的是动态绑定，保证了被向上转型的对象总能够产生正确的行为，因此在一定程度上消除类型间的耦合关系。我们在设计代码时，只需考虑父类对象即可，不必关心子类对象，它适用于所有子类对象。下面程序代码展示了多态的好处：

```
//DrawShape.java
class Shape {
      void print(){
            System.out.println("Shape");
      }
}
class Circle extends Shape {
      void print(){
            System.out.println("Circle");
      }
}
class Rectangle extends Shape {
      void print(){
            System.out.println("Rectangle");
      }
}

class Square extends Shape {
      void print(){
            System.out.println("Square");
      }
}
public class DrawShape {
      static void draw(Shape s){
            s.print();
      }
      public static void main(String[] args) {
            Shape s=new Shape();
            draw(s);
            s=new Circle(); //向上转型
            draw(s);
            s=new Rectangle(); //向上转型
            draw(s);
            s=new Square(); //向上转型
            draw(s);
      }
}
```

上面程序中，在设计 draw 方法时让其接收父类 Shape 类型的参数，因为是向上转型，所以此方法能够接收所有 Shape 的子类对象；因为是动态绑定，所以 s 总能找到正确的 print()方法。

9.4.4　多态的缺陷

在 Java 中，只有非私有的实例方法才是多态的，私有方法、静态方法、域都不是多态的。

看下面的两个例子：

```
//FaultOne.java
public class FaultOne {
    //public void show(){
    private void show(){
        System.out.println("FauletOne");
    }
    public static void main(String[] args) {
        FaultOne fault=new PrivateFult();
        fault.show();
    }
}
class PrivateFult extends FaultOne {
    public void show(){
        System.out.println("PrivateFult");
    }
}
//FaultTwo.java
class SuperClass {
    int a=10;
    public static void show(){
        System.out.println("SuperClass");
    }
}
class SubClass extends SuperClass {
    int a=20;
    public static void show(){
        System.out.println("SubClass");
    }
}
public class FaultTwo {
    public static void main(String[] args) {
        SuperClass s=new SuperClass();
        System.out.println("s.a="+s.a);
        s.show();
```

```
            System.out.println("----------");
            SubClass s1=new SubClass();
            System.out.println("s1.a="+s1.a);
            s1.show();
            System.out.println("----------");
            SuperClass s2=new SubClass();
            System.out.println("s2.a="+s2.a);
            s2.show();
        }
    }
```

9.5 本讲小结

本讲首先讲述了实现代码复用的机制：组合和继承，然后讨论了关键字 final 的用法，最后讨论了 Java 中的多态。

课后练习

1. 设计一个表示二维平面上点的类 Point，包含有表示坐标位置的 protected 类型的成员变量 x 和 y，获取和设置 x 和 y 值的 public 方法。

设计一个表示二维平面上圆的类 Circle，它继承自类 Point，还包含有表示圆半径的 protected 类型的成员变量 r、获取和设置 r 值的 public 方法、计算圆面积的 public 方法。

设计一个表示圆柱体的类 Cylinder，它继承自类 Circle，还包含有表示圆柱体高的 protected类型的成员变量 h、获取和设置 h 值的 public 方法、计算圆柱体体积的 public 方法。

建立 Cylinder 对象，输出其轴心位置坐标、半径、面积、高及其体积的值。

2. 什么是向上转型和动态绑定？

3. 编写程序：分别测试 final 修饰的变量、方法、参数和类具有什么特性。

第 10 讲　成员的初始化

Java 会尽量保证所有变量(局部变量除外)在使用前都能得到恰当的初始化，而局部变量则是通过编译时出错的形式来提醒程序员的。示例代码如下：

```
public void count(){
    int i;
    i++; //编译时出错，局部变量 i 可能尚未初始化
}
```

Java 会为基本数据类型的数据成员赋一个初始值，这个初始值是这种类型下的“0”。而对象的引用也会被赋初始值，这个初始值为 null。示例代码如下：

```
public class MemberInitialValues {
    boolean t;
    char c;
    byte b;
    short s;
    int i;
    long l;
    float f;
    double d;
    MemberInitialValues re;
    public void print(){
        System.out.println("类型          初始值");
        System.out.println("boolean       "+t);
        System.out.println("char          "+c);
        System.out.println("byte          "+b);
        System.out.println("short         "+s);
        System.out.println("int           "+i);
        System.out.println("long          "+l);
        System.out.println("float         "+f);
        System.out.println("double        "+d);
        System.out.println("引用类型      "+re);
    }
    public static void main(String[] args) {
        MemberInitialValues v=new MemberInitialValues();
        v.print();
    }
}
```

如果想为某个变量赋初值，该怎么办呢？Java 提供了几种为变量赋初值的方法，下面将具体介绍。

10.1 定义初始化

最直接的方法是在定义该类成员变量时为其赋初值，这种方法称为定义初始化，也叫指定初始化。示例代码如下：

```
public class InitialValuesOne {
    boolean t=true;
    char c='a';
    int i=3;
    double d=1.2;
    MemberInitialValues re=new MemberInitialValues();
}
```

这种方法简单直观，但在使用时应避免“向前引用”的发生。如：

```
public class ForwardReference {
    int x=f2(i); //非法的向前引用，因为这时 i 还没有被初始化
    int i=f1();
    int f1(){
        return 10;
    }
    int f2(int m){
        return m+1;
    }
}
```

使用这种方法创建的所有对象，其成员变量都具有相同的初始值。有时我们需要在创建对象时给定初始值。

10.2 构造方法初始化

可以使用构造方法进行初始化，这时成员变量的初始化顺序是先执行定义初始化，再运行构造方法。示例代码如下：

```
public class InitialValuesTwo {
    int i=1;
    InitialValuesTwo(){
        i=10;
    }
    InitialValuesTwo(int i){
        this.i=i;
    }
    public static void main(String[] args){
```

```
        InitialValuesTwo t1=new InitialValuesTwo();
        System.out.println("t1.i="+t1.i);
        InitialValuesTwo t2=new InitialValuesTwo(100);
        System.out.println("t2.i="+t2.i);
    }
}
```

10.3　实例语句块

Java 可以进行实例初始化，用来初始化对象的非静态成员。示例代码如下：

```
public class InstanceBlock {
    int i=1;
    {
        System.out.println("1: i="+i);
        i=10;
    }
    InstanceBlock(){
        System.out.println("2: i="+i);
        i=100;
    }
    public static void main(String[] args) {
        InstanceBlock a=new InstanceBlock();
        System.out.println("3: i="+a.i);
    }
}
```

大括号部分称为实例语句块，其顺序是在定义初始化之后，构造函数之前。

10.4　静态数据的初始化

每个对象的存储空间相互独立，实例变量被存储在其中。而静态变量存放在静态存储区，属于类的变量，所有对象共同持有。因此，静态变量只初始化一次。静态变量由 static 修饰。示例代码如下：

```
public class StaticInitial {
    public static int i=1;
    public static void main(String[] args) {
        System.out.println("i="+i);
        i=10;
            StaticInitial s1=new StaticInitial();
            System.out.println("s1.i="+s1.i);
            StaticInitial.i=100;
            StaticInitial s2=new StaticInitial();
```

```
            System.out.println("s2.i="+s2.i);
            System.out.println("StaticInitial.i="+StaticInitial.i);
        }
    }
```

下面的代码展示了静态变量只初始化一次：

```
class Computer{
    Computer(int maker){
        System.out.println("Computer("+maker+")");
    }
}
class Electric{
    static Computer b1=new Computer(1);
    Electric(){
        System.out.println("Electric()");
    }
    Computer b2=new Computer(2);
}
public class StaticInitialTwo {
    static Electric e=new Electric();
    public static void main(String[] args) {
        System.out.println("进入 main()函数...");
        new Electric();
    }
}
```

10.5 静态语句块

Java 允许将多个静态初始化动作放在一起组成一个静态语句块，与静态初始化一样，静态语句块仅执行一次。示例代码如下：

```
public class StaticBlock {
    static int i=1;
    static {
        i=10;
        System.out.println("i="+i);
    }
    public static void main(String[] args) {
        StaticBlock b;
    }
}
```

10.6 类的加载及初始化顺序

Java 中每个类的编译代码都存在于它自己独立的文件中，该文件只在被使用时才被加载到内存。通常加载发生在创建该类的第一个对象时，但访问该类的 static 变量或 static 方法时，该类也会被加载。

所有实例成员会按照定义的顺序进行初始化，而 static 的成员仅被初始化一次。

(1) 没有继承时，变量的初始化顺序：

① 静态成员变量的默认初始化(整型为 0，浮点型为 0.0，布尔型为 false，字符型为'\u0000'，引用型为 null)。

② 静态成员的定义初始化和静态语句块的初始化(按照在代码中出现的顺序)。

③ 运行 main 方法，如果 main 中有创建对象的语句，则在堆中给类的实例分配内存空间，new 之后空间清零。

④ 实例变量的默认初始化(整型为 0，浮点型为 0.0，布尔型为 false，字符型为'\u0000'，引用型为 null)。

⑤ 实例变量的定义初始化和实例语句块的初始化(按照在代码中出现的顺序)。

⑥ 执行构造函数。

注意：①和②在类加载时只执行一次。

示例程序如下：

```
class Book{
    Book(int maker){
        System.out.println("Book("+maker+")");
    }
}
class Table{
    static Book b1=new Book(1);
    Table(){
        System.out.println("Table()");
    }
    Book b3=new Book(2);
}
class House{
    Book b3=new Book(3);
    House(){
        System.out.println("House()");
    }
}
public class InitialOrderOne {
    public static void main(String[] args) {
        System.out.println("进入 main()函数...");
        new House();
        System.out.println("2:------");
        new House();
        System.out.println("3:------");
        new Table();
```

```
    }
    static Table table=new Table();
    static House h=new House();
}
```

(2) 有继承时，变量的初始化顺序：

① 当类第一次使用时，JVM 就会加载该类，如果该类存在父类，那么就先加载父类，再加载子类，这是一个递归过程。在类加载中，首先进行静态变量的默认初始化，然后按照在类中声明的顺序执行静态成员的定义初始化和静态语句块的初始化。

注意：这个过程从父类到子类，并且只会执行一次。

② 当父类与子类的静态代码初始化完成后，如果有创建子类对象的语句，先初始化父类的实例变量和实例语句块，然后再初始化子类的实例变量和实例语句块，这是一个递归的过程。

示例程序如下：

```
class Biology{
    private int i=1;
    private static int j=2;
    {
        System.out.println("Biology 中，实例语句块初始化之前 i="+i);
        i=10;
        System.out.println("Biology 中，实例语句块初始化之后 i="+i);
    }
    static{
        System.out.println("Biology 中，静态语句块初始化之前 j="+j);
        j=20;
        System.out.println("Biology 中，静态语句块初始化之后 j="+j);
    }
    Biology(){
        System.out.println("Biology 中，构造方法初始化之前 i="+i);
        i=100;
        System.out.println("Biology 中，构造方法初始化之后 i="+i);
    }
}
class Animal extends Biology{
    private int m=5;
    private static int n=6;
    {
        System.out.println("Animal 中，实例语句块初始化之前 m="+m);
        m=50;
        System.out.println("Animal 中，实例语句块初始化之后 m="+m);
    }
    static{
        System.out.println("Animal 中，静态语句块初始化之前 n="+n);
```

```
        n=60;
        System.out.println("Animal 中，静态语句块初始化之后 n="+n);
    }
    Animal(){
        System.out.println("Animal 中，构造方法初始化之前 m="+m);
        m=500;
        System.out.println("Animal 中，构造方法初始化之后 m="+m);
    }
}
public class InitialOrderTwo {
    public static void main(String[] args) {
        new Animal();
    }
}
```

10.7 本讲小结

本讲首先讲述了类中成员变量的初始化方式，包括定义初始化、使用构造方法进行初始化、使用语句块进行初始化；其次讲述了类中成员的初始化顺序以及在有继承关系的类中变量的初始化顺序。

课后练习

1. 总结变量初始化的方式有哪几种。
2. 总结类的初始化顺序。
3. 总结在有继承关系的类中变量的初始化顺序。

第11讲 抽象类和接口

抽象类和接口是Java中实现“抽象性”的两种机制。

在Java的继承层次结构中，越是处于层次结构下层的类越是明确和具体，越是处于层次结构顶层的类越是变得更通用和不明确。一个类设计得非常抽象，以至于不能创建它的实例，这样的类被称为抽象类。

接口是一种更“纯粹”的抽象类，是一种完全抽象类。接口中只能定义常量和抽象方法，目的是指明多个对象的共同行为。

虽然抽象类和接口都表达了抽象性，但其设计的目的不同：抽象类表示子类是什么，抽象类和其子类之间是Is-A的关系，所以抽象类只能是单继承；接口表示子类能做什么，接口与子类之间是Can-Do的关系，所以接口可以多继承。

11.1 抽象类和抽象方法

Java中可以使用关键字abstract修饰类，被称为抽象类。abstract也可以用来修饰方法，被称为抽象方法。示例程序如下：

```
//AbstractDemo.java
abstract class Shape {
    abstract void draw();
    abstract void erase();
    void what(){
        System.out.println("name: Shape");
    }
}
class Circle extends Shape {
    public void draw(){
        System.out.println("draw Circle");
    }
    public void erase(){
        System.out.println("erase Circle");
    }
    void what(){
        System.out.println("name: Circle");
    }
}
public class AbstractDemo {
    public static void main(String[] args) {
        //Shape s=new Shape();
```

```
        Circle c=new Circle();
        c.draw();
        c.erase();
        c.what();
    }
}
```

所谓抽象方法是指仅有方法的声明而没有方法体。

抽象类和抽象方法的特性有以下几点：

(1) 抽象类表达的是一种抽象，不能用其创建对象。

(2) 抽象类是一种“不完全抽象”，可以定义抽象方法、一般方法和变量，也可以不定义抽象方法。

(3) 含有抽象方法的类必须被定义为抽象类。

(4) 如果抽象类的子类实现了该抽象类的抽象方法，那么这个子类可以用来创建对象，否则也必须被声明为抽象的。

11.2 接　　口

因为接口是一种完全抽象类，所以接口中只能包含域和抽象方法。要想创建一个接口，必须使用关键字 interface，可以使用 public 修饰接口，否则接口的访问权限为默认包访问，格式如下所示：

```
//MyInterface2.java
interface MyInterface1 {}
public interface MyInterface2 {}
```

11.2.1 接口中的域和方法

接口中的域和方法具有以下特点：

(1) 接口中的域的默认修饰符为 static final，且必须被初始化。

(2) 接口中的方法的默认修饰符为 public abstract。

下面的程序代码展示了接口中的域和方法的定义：

```
//Ellipse.java
public interface Ellipse {
    double PI=3.1415926; //默认 static final
    void showArea(); //默认 public abstract
}
```

11.2.2 接口的实现

接口只是表达了一种抽象，所有实现了该接口的类都能够向上转型为此接口类型。一个类要实现某个接口，必须使用关键字 implements。修改 Abstract Demo.java，把 Shape 定义为接口。修改后的程序如下：

```
//InterfaceDemo.java
```

```
interface Shape {
    void draw();
    void erase();
    void what();
}
class Circle implements Shape {
    public void draw(){
        System.out.println("draw Circle");
    }
    public void erase(){
        System.out.println("erase Circle");
    }
    public void what(){
        System.out.println("Circle");
    }
}
class Rectangle implements Shape {
    public void draw(){
        System.out.println("draw Rectangle");
    }
    public void erase(){
        System.out.println("erase Rectangle");
    }
    public void what(){
        System.out.println("Rectangle");
    }
}
public class InterfaceDemo {
    public static void main(String[] args) {
        Circle c=new Circle();
        c.draw();
        c.erase();
        c.what();
        System.out.println("----------------");
        Rectangle r=new Rectangle();
        r.draw();
        r.erase();
        r.what();
    }
}
```

11.2.3 扩展接口

通过继承可以扩展接口。接口可以多继承，父接口之间用逗号隔开即可。下面的程序展示了接口可以多继承：

```
//InterfaceInheritance. java
interface Bird {
    void fly(); //能飞
}
interface SuperNaturalBeing{
    void conjure(); //能变化
}
interface Leopard {
    void run(); //能跑
}
interface Ares extends Bird, SuperNaturalBeing, Leopard{
    void fight(); //能打
}
class SuperMan implements Ares {
    public void fly(){
        System. out. println("会飞");
    }
    public void conjure(){
        System. out. println("会变化");
    }
    public void run(){
        System. out. println("跑得非常快");
    }
    public void fight(){
        System. out. println("很能打");
    }
}
public class InterfaceInheritance {
    public static void main(String[] args) {
        SuperMan ultraman=new SuperMan();
        ultraman. fly();
        ultraman. conjure();
        ultraman. run();
        ultraman. fight();
    }
}
```

接口在多继承时，如果多个父接口中定义了相同名字的方法，可能会使代码混乱。因此，设计程序时，应当尽量避免这种情况。下面的程序代码展示了这种情况：

```
//Interface4. java
interface Interface1 {
    void f();
}
```

```
interface Interface2 {
    void f(int i);
}
interface Interface3 {
    int f();
}
public interface Interface4 extends Interface1, Interface2, Interface3{}
```

11.2.4 嵌套接口

一个接口可以定义在另一个接口或类中，称为嵌套接口。下面的程序展示了嵌套接口：

```
//NestInterface.java
interface InInterface {
    void f1();
    interface In1{
        void f2();
    }
}
class InClass {
    void f3(){};
    interface In1{
        void f4();
    }
}
public class NestInterface {
    class Inner1 implements InInterface {
        public void f1(){
            System.out.println("InInterface f1()");
        }
    }
    class Inner2 implements InInterface.In1 {
        public void f2(){
            System.out.println("InInterface.In1.f2()");
        }
    }
    class Inner3 implements InClass.In1 {
        public void f4(){
            System.out.println("InClass.In1.f4()");
        }
    }
    public static void main(String[] args) {
        NestInterface nest=new NestInterface();
        NestInterface.Inner1 i1=nest.new Inner1();
        i1.f1();
```

```
            NestInterface.Inner2 i2=nest.new Inner2();
            i2.f2();
            NestInterface.Inner3 i3=nest.new Inner3();
            i3.f4();
        }
    }
```

11.2.5　接口的好处

如果一个方法操作的是类，那么这个方法也能应用于这个类的子类，因为多态能够消除类型间的耦合关系。如果这个方法操作的类不在此继承结构中，那么多态就无能为力了。这时接口的作用就显现出来了，它能使我们编写出可复用性更强的代码。示例程序如下：

```
//CompleteDecoupling.java
interface Speed {
    void run();
}
class Cat implements Speed {
    public void run(){
        System.out.println("Cat run");
    }
}
class Car implements Speed {
    public void run(){
        System.out.println("Car run");
    }
}
public class CompleteDecoupling {
    static void show(Speed s){
        s.run();
    }
    public static void main(String[] args) {
        show(new Cat());
        show(new Car());
    }
}
```

在上述代码中，类 Cat 和类 Car 之间没有继承关系，但都能够上转型为 Shape 类型，转型后都能够被 show()方法处理。

Java 是单根继承的，但接口可以多继承，即一个类只能有一个父类，但可以实现多个接口。向上转型能够使子类上转型为父类类型，同样也能转型为接口类型。所以利用接口可以实现多继承。下面的代码展示了 Java 中的多继承：

```
//MultiInheritance.java
interface A{
    void a();
}
```

```
interface B{
    void b();
}
interface C{
    void c();
}
class ClassA {
    void d(){
        System.out.println("ClassA.d()");
    }
}
class ClassB extends ClassA implements A, B, C{
    public void a(){
        System.out.println("Interface A.a()");
    }
    public void b(){
        System.out.println("Interface B.b()");
    }
    public void c(){
        System.out.println("Interface C.c()");
    }
}
public class MultiInheritance {
    static void showA(A a1){
        a1.a();
    }
    static void showB(B b1){
        b1.b();
    }
    static void showC(C c1){
        c1.c();
    }
    static void showClassA(ClassA d1){
        d1.d();
    }
    public static void main(String[] args) {
        ClassB e=new ClassB();
        showA(e);
        showB(e);
        showC(e);
        showClassA(e);
    }
}
```

11.3　本讲小结

本讲首先讲述了抽象类和抽象方法，其次详细讲述了接口的定义、实现、扩展、嵌套以及为什么要使用接口。

课后练习

1. 总结抽象类的特点。
2. 总结接口的特点。
3. 为什么要使用接口？

第12讲　内　部　类

Java中可以把一个类的定义放在另一个类的内部，外面的类称为外围类，里面的类称为内部类。内部类可以与其所在的外围类进行通信。

内部类可以分为成员类、局部内部类、匿名内部类和静态内部类(嵌套类)。下面将对这几种内部类进行介绍。

12.1　成　员　类

没有static修饰的内部类称为成员类，成员类的使用与普通类类似。示例代码如下：

```
public class OuterClassOne {
    class InnerOne{
        private int i=1;
        InnerOne(){
            System.out.println("InnerOne()");
        }
        public int getI(){
            return i;
        }
    }
    public void testInnerClass(){
        InnerOne one=new InnerOne();
        int a=one.getI();
        System.out.println(a);
    }
    public static void main(String[] args) {
        OuterClassOne outer=new OuterClassOne();
        outer.testInnerClass();
    }
}
```

在外围类的testInnerClass方法中可以创建成员类的对象，并可以调用成员类的方法。那么我们可以在外围类的哪些地方创建其成员类的对象呢？下面的代码可以回答这个问题。

```
public class OuterClassTwo {
    InnerOne one=new InnerOne(1);
    class InnerOne{
```

```
        InnerOne(int i){
            System.out.println(i+": InnerOne");
        }
    }
    public void OuterMethod1(){
        InnerOne two=new InnerOne(2);
    }
    public static void OuterMethod2(){
        OuterClassTwo outer1=new OuterClassTwo();
        InnerOne three=outer1.new InnerOne(3);
    }
    public static void main(String[] args) {
        OuterClassTwo outer2=new OuterClassTwo();
        outer2.OuterMethod1();
        OuterMethod2();
        OuterClassTwo.InnerOne four=outer2.new InnerOne(4);
    }
}
```

从上面的代码可以看出，成员类的对象依赖于其外围类的对象，也就是说，要想创建一个成员类的对象必须先创建一个其外围类的对象。

成员类能够访问其外围类的所有成员。示例代码如下：

```
public class OuterClassThree {
    public int i=1;
    int j=2;
    protected int m=3;
    private int n=4;
    static int k=5;
    class InnerOne{
        public void show(){
            System.out.println("i="+i);
            System.out.println("j="+j);
            System.out.println("m="+m);
            System.out.println("n="+n);
            System.out.println("k="+k);
        }
    }
    public static void main(String[] args) {
        new OuterClassThree().new InnerOne().show();
    }
}
```

那么在内部类中怎么使用外部类对象的引用呢？我们可以使用点语法，即外围类跟圆点和 this 方法。示例代码如下：

```
public class OuterClassFour {
```

```
        public void print(){
            System.out.println("OuterClassFour.print()");
        }
        class InnerOne{
            public OuterClassFour getOuterClass(){
                return OuterClassFour.this;
            }
        }
        public static void main(String[] args) {
            new OuterClassFour().new InnerOne().getOuterClass().print();
        }
    }
```

12.2 局部内部类

可以在一个方法内或者在一个作用域内定义内部类，称为局部内部类。下面的代码展示了在一个方法内部定义的内部类：

```
interface MyInterface{
    void print();
}
public class OuterClassFive {
    public MyInterface showInnerClass(){
        class InnerOne implements MyInterface{
            public void print(){
                System.out.println("implementation");
            }
        }
    return new InnerOne();
}
    public static void main(String[] args) {
        new OuterClassFive().showInnerClass().print();
    }
}
```

下面的代码展示了在任意的作用域内嵌入一个内部类：

```
public class OuterClassSix {
    private int showInnerClass(boolean b){
        if(b){
            class InnerOne{
                private int i=1;
                public int getI(){
                    return i;
                }
            }
```

```
            InnerOne one=new InnerOne();
            return one.getI();
        }
        else return 0;
    }
    public static void main(String[] args) {
        boolean b=true;
        //boolean b=false;
        int a=new OuterClassSix().showInnerClass(b);
        System.out.println(a);
    }
}
```

12.3　匿名内部类

如果一个局部内部类没有名字，那么这个类称为匿名内部类。一个匿名内部类要么继承一个类(或抽象类)，要么实现一个接口。示例代码如下：

```
class AClass{
    AClass(){
        System.out.println("AClasss");
    }
}
interface AInterface{
    int j=2;
    void show();
}
public class OuterClassSeven {
    public AClass getObjectOne(){
        return new AClass(){};
    }
    public AInterface getObjectTwo(){
        return new AInterface(){
            public void show(){
                System.out.println("AInterface");
            }
        };
    }
    public static void main(String[] args) {
        OuterClassSeven outer=new OuterClassSeven();
        outer.getObjectOne();
        outer.getObjectTwo().show();
    }
}
```

12.4 静态内部类

如果不需要内部类对象与其外围类对象之间有联系，那么可以将内部类声明为 static，这样的内部类称为嵌套类。嵌套类没有连接到其外围类的 this 引用，它类似于其外围类的一个 static 方法。示例代码如下：

```
public class NestedClassOne {
    private int i=1;
    InnerOne one=new InnerOne();
    static class InnerOne{
        private int m=2;
        public static int n=3;
        public void show(){
            System.out.println("m="+m);
            System.out.println("n="+n);
            //System.out.println(i); //非法访问
        }
        public static int get(){
            return n;
        }
    }
    void OuterMethodOne(){
        InnerOne two=new InnerOne();
        two.show();
        int k=two.get();
    }
    static void OuterMethodTwo(){
        InnerOne three=new InnerOne();
        three.show();
        three.get();
    }
    public static void main(String[] args) {
        int x=NestedClassOne.InnerOne.get();
        System.out.println("x="+x);
        NestedClassOne.OuterMethodTwo();
        new NestedClassOne().OuterMethodOne();
    }
}
```

从上面的代码可以看出嵌套类的对象并不依赖于其外围类的对象，并且不能从嵌套类对象中访问其外围类对象的非静态成员。

众所周知，接口中只能放置 final 的域和抽象方法。但嵌套类是 static 的，所以可以放在接口中定义，甚至可以实现这个接口。示例代码如下：

```
public interface NestedInterface {
    int i=1;
    void show();
    static class InnerOne implements NestedInterface{
        public void show(){
            System.out.println("i="+i);
        }
        public static void main(String[] args){
            new NestedInterface.InnerOne().show();
        }
    }
}
```

12.5 内部类的继承

因为内部类的对象必须依赖于其外围类的对象而存在，所以导致对内部类的继承变得复杂。在继承一个内部类时，其外围类的对象必须被初始化，所以在子类的构造方法中必须传入父类的外围类的引用。示例代码如下：

```
class Car{
    class Wheel{
        Wheel(int i){
            System.out.println("Wheel:"+i);
        }
    }
}
public class PlaneWheel extends Car.Wheel{
    PlaneWheel(Car c, int i){
        c.super(i); //可以对比 c.new Wheel(i);进行理解
    }
    public static void main(String[] args) {
        new PlaneWheel(new Car(), 4);
    }
}
```

12.6 内部类的好处

Java 是单继承的，即一个类只能有一个父类。接口只实现了部分多继承的好处，而接口和内部类使 Java 中的多继承变得更加完美。示例代码如下：

```
interface One{}
interface Two{}
class A implements One, Two{}
class B implements One{
```

```
        class Inner implements Two{}
    }
    public class MultiInheritOne {
            static void showOne(One one){}
            static void showTwo(Two two){}
        public static void main(String[] args) {
            A a=new A();
            B b=new B();
            showOne(a);
            showTwo(b.new Inner());
        }
    }
```

因为接口是可以多继承的，所以类 A 实现了两个接口，从而实现了多继承。而类 B 采用内部类的方式实现多继承，类 B 实现了接口 One，其内部类 Inner 实现了接口 Two。如果被继承的不是接口而是类或抽象类，那么只能采用内部类才能实现多继承。示例代码如下：

```
    class TestA{}
    class TestB{}
    class TestC extends TestA{
        class Inner extends TestB{}
    }
    public class MultiInheritTwo {
            static void show(TestA a){}
            static void show(TestB b){}
        public static void main(String[] args) {
            TestC c=new TestC();
            show(c);
            show(c.new Inner());
        }
    }
```

12.7 本讲小结

本讲首先讲述了各种内部类的特点，包括成员类、局部内部类、匿名内部类和静态内部类；其次讲述了内部类的继承和使用内部类的好处。

课后练习

1. 在静态方法中怎么创建成员类的对象？
2. 总结各种内部类在编译后生成的.class 文件的命名。
3. 使用内部类有什么好处？

第 13 讲 异常处理和断言

发现错误的最佳时机是编译阶段，但编译时期并不能找出所有错误，有些错误是在运行时刻才被发现的，例如数组访问时越界，要访问的文件不存在等。这就需要我们在程序运行期间处理这些可能发生的错误。

13.1 Java 的异常

Java 语言的异常处理机制是 Java 语言健壮性的一个重要体现。异常是指不期而至的各种状况，如：数组访问越界、要访问的文件不存在、网络连接失败、非法参数等。异常是一个事件，它发生在程序的运行期间，干扰了正常的指令流程。

Java 通过 API 中 Throwable 类的众多子类描述各种不同的异常。因而，Java 异常都是对象，是 Throwable 子类的实例，描述了出现在一段编码中的错误条件。当条件生成时，错误将引发异常。

如图 13.1 所示为 Java 异常类层次结构图。

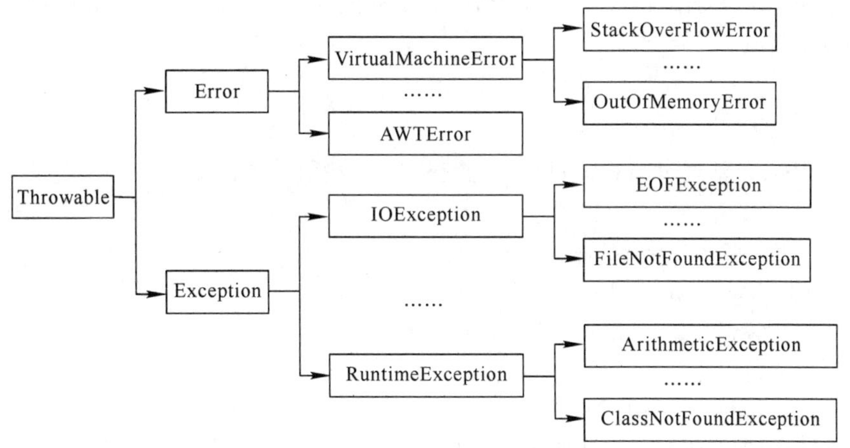

图 13.1 Java 异常类层次结构图

在 Java 中，所有的异常或错误都有一个共同的祖先 Throwable，它有两个直接子类：Exception(异常)和 Error(系统错误)，二者又各自都包含大量的子类。

(1) Error：是程序无法处理的错误，表示运行应用程序中较严重的问题。大多数错误与代码编写者执行的操作无关，而是代码运行时 JVM 出现的问题。例如，Java 虚拟机运行错误(VirtualMachineError)，JVM 内存资源不足错误(OutOfMemoryError)等。在 Java 中，错误通过 Error 的子类描述，当它们发生时，Java 虚拟机(JVM)一般会终止运行。

(2) Exception：是程序本身可以处理的异常，如数组越界、除数为零、空指针、要访问的文件不存在等。

注意：异常和错误的区别，即异常能被程序本身处理，而错误是无法处理的。

通常，Java 中的异常(包括 Exception 和 Error)分为必检异常(checked exceptions)和免检异常(unchecked exceptions)。

(1) 必检异常：编译器要求必须处置的异常。必检异常虽然是异常状况，但在一定程度上它的发生是可以预计的，而且一旦发生这种异常状况，就必须采取某种方式进行处理。

除了 RuntimeException 和 Error 及其子类以外，其他所有异常都属于必检异常。这种异常的特点是 Java 编译器会检查它，也就是说，当程序中出现这类异常时，要么用 try-catch 语句捕获它，要么用 throws 子句声明抛出它，否则编译不会通过。

(2) 免检异常：编译器不要求强制处置的异常，包括错误(Error)和运行时异常(Runtime Exception)及其子类。

13.2 异常处理机制

Java 的异常处理机制包含三种操作：声明异常、抛出异常和捕获异常。

任何 Java 代码都可以抛出异常，如：自己编写的代码、来自 Java 开发环境包中的代码，或者 Java 运行时的系统。无论是哪种情况，都可以通过 Java 的 throw 语句抛出异常。如果声明方法可能会出现某种异常，必须使用关键字 throws。而捕获异常通过 try-catch 语句或者 try-catch-finally 语句来实现。

总体来说，Java 规定：对于必检异常必须捕获或者声明。允许忽略免检的 Runtime Exception和 Error。

13.2.1 捕获异常

在 Java 中，异常通过 try-catch 语句捕获。其一般语法形式为：

```
try {
    //可能会发生异常的程序代码
} catch (ExceptionType1 e1){
    //捕获并处置 try 抛出的异常类型 ExceptionType1
}
catch (ExceptionType2 e2){
     //捕获并处置 try 抛出的异常类型 ExceptionType2
}
```

关键字 try 的作用是启动 Java 的异常机制，其后面的一对大括号“{}”是监控区域。如果大括号中的语句有异常产生，则 JVM 会创建异常对象，并将异常抛出监控区域之外(也可使用 new 创建异常对象，由 throw 抛出)，监控区域中的其他语句不再执行。由 JVM 试图寻找匹配的 catch 子句来捕获该异常，若有匹配的 catch 子句，则运行其异常处理代码，try-catch 语句结束。

匹配的原则：如果抛出的异常对象属于 catch 子句的异常类，或者属于该异常类的子类，则认为生成的异常对象与 catch 块捕获的异常类型相匹配。

```
//TestExceptionOne.java
public class TestExceptionOne {
    public static void main(String[] args) {
        int a=10;
        int b=0;
        try {
            //通过 throw 语句抛出异常
            if (b==0) throw new ArithmeticException();
            System.out.println("a/b 的值是："+a /b);
        }
        catch (ArithmeticException e) {
            System.out.println("程序出现异常，变量 b 不能为 0");
        }
        System.out.println("程序正常结束");
    }
}
```

上面代码中，使用 if 语句判断 b 的值，如果为 0，则创建 ArithmeticException 类型的异常对象，由 throw 抛出。也可把包含 if 语句的那行代码注释掉，则此时的异常对象是由 JVM 创建并抛出的。

一旦某个 catch 捕获到匹配的异常类型，就会进入异常处理代码。一经处理结束，就意味着整个 try-catch 语句结束，其他的 catch 子句不再有匹配和捕获异常类型的机会。

对于有多个 catch 子句的异常程序而言，抛出的异常对象是按照从上到下的顺序与每个 catch 子句进行匹配的。所以，应该尽量将捕获“底层”(类继承层次中的子类)异常类的 catch 子句放在前面，同时尽量将捕获相对“高层”(类继承层次中的父类)异常类的 catch 子句放在后面。否则，捕获底层异常类的 catch 子句将会被屏蔽。

```
//TestExceptionTwo.java
public class TestExceptionTwo {
    public static void main(String[] args) {
        int[] a={1, 2, 3, 4, 5, };
        int b=0;
        try {
            System.out.println(a[5]); //数组越界异常
            b=a[0]/b; //算术异常
        }
        catch(ArithmeticException e){
            System.out.println("算术异常");
        }
        catch(ArrayIndexOutOfBoundsException e){
            System.out.println("数组越界异常");
        }
        catch(Exception e){//只能放置在前两个 catch 的后面
```

```
                System.out.println("其他异常");
            }
        }
    }
```

上面程序中，如果把第三个 catch 语句放到第二或第一个 catch 语句之前，就会出现编译错误。原因是 Exception 是所有异常类的父类，所有异常类对象都能通过向上转型被其捕获。

13.2.2 finally

try-catch 语句后还可以跟 finally 子句，它表示无论是否出现异常，都应当执行。try-catch-finally 语句的语法形式为：

```
try {
    //可能会发生异常的程序代码
} catch (ExceptionType1 e1) {
    //捕获并处理 try 抛出的异常类型 ExceptionType1
} catch (ExceptionType2 e2) {
    //捕获并处理 try 抛出的异常类型 ExceptionType2
} finally {
    //无论是否发生异常，都将执行的语句块
}
```

下面程序测试了 finally 的用法：

```
//TestFinallyOne.java
public class TestFinallyOne {
    public static void main(String[] args) {
        int i=0;
        int[] a={1, 2, 3, };
        while (i < 4) {
            try {
        System.out.println(a[i++]);
            } catch (ArrayIndexOutOfBoundsException e) {
                System.out.println("数组下标越界异常");
            } finally {
                System.out.println("must run here!");
            }
            System.out.println("这里也运行吗?");
        }
    }
}
```

程序运行结果：

```
1
must run here!
这里也运行吗?
```

```
2
must run here!
这里也运行吗?
3
must run here!
这里也运行吗?
数组下标越界异常
must run here!
这里也运行吗?
```

根据 TestFinallyOne.java 程序的运行结果可以看出，finally 语句和 finally 之后的语句 System.out.println("这里也运行吗?")的运行次数是一样的，看似 finally 语句好像并没有任何特别之处。阅读下面的程序：

```
//TestFinallyTwo.java
public class TestFinallyTwo {
    public static void showFinally(){
        int i=0;
        int[] a={1, 2, 3, };
        while (i < 4) {
            try {
                System.out.println(a[i++]);
                return; //1
            } catch (ArrayIndexOutOfBoundsException e) {
                System.out.println("数组下标越界异常");
                //return; //2
            } finally {
                System.out.println("must run here!");
            }
            System.out.println("这里也运行吗?");
        }
    }
    public static void main(String[] args) {
        showFinally();
    }
}
```

根据 TestFinallyTwo.java 程序的运行结果可以看出，在 showFinally()方法返回之前，finally 语句要运行，而语句 System.out.println("这里也运行吗?")并没有运行。

但遇到下面的几种情况，finally 语句块也不运行了：

(1) 在 finally 语句块中发生了异常。

(2) 在前面的代码中用了 System.exit()退出程序。

(3) 程序所在的线程死亡。

(4) 关闭 CPU。

异常处理语句的语法规则总结如下：

（1）必须在 try 之后添加 catch 语句块或 finally 语句块，两种语句块最少有一个存在。

（2）必须遵循顺序。若代码同时使用 catch 和 finally 块，则必须将 catch 语句块放在 try 语句块之后。

（3）一个 try 可以引导多个 catch 语句块，若如此，则执行第一个匹配块。也就是说，Java 虚拟机会把实际抛出的异常对象依次和各个 catch 代码块声明的异常类型匹配，如果异常对象为某个异常类型或其子类的实例，就执行这个 catch 代码块，不会再执行其他的 catch 代码块。所以，要把包含异常类继承层次底层的 catch 块放在最后。

（4）try-catch-finally 结构可嵌套使用。

（5）在 try-catch-finally 结构中，可重新抛出异常。

（6）除了上述四种 finally 不运行的情况外，finally 语句块总要被执行。

异常处理语句的执行顺序总结如下：

（1）当 try 没有捕获到异常时，try 语句块中的语句逐一被执行，程序将跳过 catch 语句块，执行 finally 语句块和其后的语句。

（2）当 try 语句块里的某条语句出现异常，而没有处理此异常的 catch 语句块时，此异常将会抛给 JVM 来处理，finally 语句块里的语句还是会被执行，但 finally 语句块后的语句不会被执行。

（3）当 try 语句块里的某条语句出现异常，并且存在处理此异常的 catch 语句块时，程序将跳到 catch 语句块，从第一个 catch 语句块开始从上到下逐一匹配，找到与之对应的 catch 后，其他的 catch 语句块将不会被执行，而 try 语句块中，出现异常之后的语句也不会被执行；catch 语句块执行完后，执行 finally 语句块里的语句；最后执行 finally 语句块后的语句。

13.2.3 声明异常

如果一个方法可能会出现异常，但没有能力处理这种异常，或者想把异常集中起来一块处理，可以使用关键字 throws 声明这个方法可能会产生的异常，如果产生异常就抛出。如果声明的是 Exception 异常类型，则该方法被声明为可抛出所有的异常。多个异常可使用逗号分隔。throws 语句的语法格式为：

```
myMethod() throws Exception1, Exception2, …, ExceptionN{ }
```

方法名后的“throws Exception1，Exception2，…，ExceptionN”为声明要抛出的异常类型列表。当方法抛出异常列表的异常对象时，方法将不对这些类型及其子类型的异常作处理，而抛向调用该方法的方法，由它去处理。下面程序展示了 throws 的用法：

```
//TestThrows.java
public class TestThrows {
    static void f() throws ArithmeticException {
        int a=10;
        int b=0;
        int c=a /b;
    }
    public static void main(String[] args) {
        try {
            f();
```

```
        } catch (ArithmeticException e) {
            System.out.println("f()方法抛出的异常");
        }
    }
}
```

13.2.4 抛出异常

JVM 可以抛出异常，当需要抛出某个异常时，也可以借助关键字 throw 来抛出某个异常对象。程序会在 throw 语句后立即终止，即它后面的语句得不到执行。下面程序展示了 throw 的用法：

```
//TestThrow.java
public class TestThrow {
    static int division(int x, int y) throws ArithmeticException {
        if (y==0) {
            throw new ArithmeticException("除数不能为 0");
        }
        return x/y;
    }
    public static void main(String[] args) {
        int a=30;
        int b=0;
        try {
            int result=division(a, b);
            System.out.println("运算结果："+result);
        } catch (ArithmeticException e) {
            System.out.println(e.getMessage());
        }
    }
}
```

13.3 捕获所有异常

因为有向上转型，即所有异常类对象都能够向上转型为 Exception 类型，所以通过捕获 Exception 类型，就可以捕获所有异常。如：

```
catch(Exception e){
    System.out.println("捕获所有异常");
}
```

如果有多个 catch，最好把上面这条语句放在所有 catch 的后面。

13.3.1 异常轨迹

可以调用 Exception 的父类 Throwable 中的方法获得异常的详细信息和调用栈轨迹。

(1) void printStackTrace()：将此 throwable 及其追踪输出至标准错误流。

(2) void printStackTrace(PrintStream s)：将此 throwable 及其追踪输出到指定的输出流。

(3) void printStackTrace(PrintWriter s)：将此 throwable 及其追踪输出到指定的 PrintWriter。

下面程序代码展示了 Throwable 中的方法的使用：

```
//ThrowableMethod.java
public class ThrowableMethod {
    public static void main(String[] args) {
        try{
            throw new Exception("ThrowableMethod test!");
        }
        catch(Exception e){
    System.out.println("getLocalizedMessage():"+e.getLocalizedMessage());
            System.out.println("------------");
            System.out.println("getMessage():"+e.getMessage());
            System.out.println("------------");
            System.out.println("toString():"+e.toString());
            System.out.println("------------");
            e.printStackTrace();
            System.out.println("------------");
            e.printStackTrace(System.out);
        }
    }
}
```

通过 getStackTrace()方法可以获得 printStackTrace()的信息。getStackTrace()方法的原型为：public StackTraceElement[] getStackTrace()。提供编程访问由 printStackTrace()输出的堆栈跟踪信息。返回堆栈跟踪元素的数组，每个元素表示一个堆栈帧。数组的第零个元素(假定数据的长度为非零)表示堆栈顶部，它是序列中最后的方法调用。通常，这是创建和抛出该 throwable 的地方。数组的最后元素(假定数据的长度为非零)表示堆栈底部，它是序列中的第一个方法调用。

下面程序代码演示了 getStackTrace()方法的用法：

```
//TestGetStackTrace.java
public class TestGetStackTrace {
    public static void f1(){
        try{
            throw new Exception("Test!");
        }
        catch(Exception e){
            for(StackTraceElement ei: e.getStackTrace())
                System.out.println(ei.getMethodName());
        }
    }
```

```
        public static void f2(){
            f1();
        }
        public static void f3(){
            f2();
        }
        public static void main(String[] args) {
            f3();
            System.out.println("------");
            f2();
            System.out.println("------");
            f1();
        }
    }
```

13.3.2　重新抛出异常

Java 支持把捕获的异常对象重新抛出，交给上一级环境中的异常处理程序去处理。异常对象被重新抛出后，所有信息都能够被保持，所以在上一级的异常处理程序中能够得到原有异常对象的所有信息。下面的程序展示了这种情况：

```
//ReThrowOne.java
public class ReThrowOne {
    public static void f1()throws Exception {
        System.out.println("源于方法 f1()中的异常：");
        throw new Exception("来自于方法 f1()");
    }
    public static void f2()throws Exception {
        try {
            f1();
        }
        catch(Exception e){
            System.out.println("f2()方法中，printStackTrace()：");
            e.printStackTrace(System.out);
            throw e;
        }
    }
    public static void main(String[] args) {
        try {
            f2();
        }
        catch(Exception e){
            System.out.println("main 方法中，printStackTrace()：");
            e.printStackTrace(System.out);
```

```
            }
        }
    }
```

ReThrowOne.java 程序的运行结果：

```
源于方法 f1()中的异常：
f2()方法中，printStackTrace()：
java.lang.Exception：来自于方法 f1()
    at ch11.ReThrowOne.f1(ReThrowOne.java：6)
    at ch11.ReThrowOne.f2(ReThrowOne.java：10)
    at ch11.ReThrowOne.main(ReThrowOne.java：20)
main 方法中，printStackTrace()：
java.lang.Exception：来自于方法 f1()
    at ch11.ReThrowOne.f1(ReThrowOne.java：6)
    at ch11.ReThrowOne.f2(ReThrowOne.java：10)
    at ch11.ReThrowOne.main(ReThrowOne.java：20)
```

从程序的运行结果可以看出：把捕获的异常对象重新抛出后，printStackTrace()方法显示的是异常对象原来抛出点的调用栈信息，并不是新抛出点的调用栈信息。如果想更新这个信息(即用新抛出点的调用栈信息替换原抛出点的调用栈信息)，可以调用 fillInStackTrace()方法。示例代码如下：

```
//ReThrowTwo.java
public class ReThrowTwo {
    public static void f1()throws Exception {
        System.out.println("源于方法 f1()中的异常：");
        throw new Exception("来自于方法 f1()");
    }
    public static void f2()throws Exception {
        try {
            f1();
        }
        catch(Exception e){
            System.out.println("f2()方法中，printStackTrace()：");
            e.printStackTrace(System.out);
            throw (Exception)e.fillInStackTrace();
        }
    }
    public static void main(String[] args) {
        try {
            f2();
        }
        catch(Exception e){
            System.out.println("main 方法中，printStackTrace()：");
            e.printStackTrace(System.out);
```

```
        }
    }
}
```

ReThrowTwo.java 程序的运行结果为：

```
源于方法 f1()中的异常：
f2()方法中，printStackTrace()：
java.lang.Exception：来自于方法 f1()
    at ch11.ReThrowTwo.f1(ReThrowTwo.java：6)
    at ch11.ReThrowTwo.f2(ReThrowTwo.java：10)
    at ch11.ReThrowTwo.main(ReThrowTwo.java：20)
main 方法中，printStackTrace()：
java.lang.Exception：来自于方法 f1()
    at ch11.ReThrowTwo.f2(ReThrowTwo.java：15)
    at ch11.ReThrowTwo.main(ReThrowTwo.java：20)
```

从程序的运行结果可以看出：调用栈信息已经被更新。

如果不是重新抛出此异常对象，而是捕获这个对象时，又抛出了另一个异常对象，那么调用栈信息会是什么样的呢？请看如下这个示例代码：

```
//ReThrowThree.java
public class ReThrowThree {
    public static void f1()throws Exception {
        System.out.println("源于方法 f1()中的异常：");
        throw new Exception("来自于方法 f1()");
    }
    public static void f2()throws Exception {
        try {
            f1()；
        }
        catch(Exception e){
            System.out.println("f2()方法中，printStackTrace()：");
            e.printStackTrace(System.out)；
            throw new Exception("来自于方法 f2()")；
        }
    }
    public static void main(String[] args) {
        try {
            f2()；
        }
        catch(Exception e){
            System.out.println("main 方法中，printStackTrace()：");
            e.printStackTrace(System.out)；
        }
    }
```

```
}
```

ReThrowThree.java 程序的运行结果为：

```
源于方法 f1()中的异常：
f2()方法中，printStackTrace()：
java.lang.Exception：来自于方法 f1()
    at ch11.ReThrowThree.f1(ReThrowThree.java：6)
    at ch11.ReThrowThree.f2(ReThrowThree.java：10)
    at ch11.ReThrowThree.main(ReThrowThree.java：20)
main 方法中，printStackTrace()：
java.lang.Exception：来自于方法 f2()
    at ch11.ReThrowThree.f2(ReThrowThree.java：15)
    at ch11.ReThrowThree.main(ReThrowThree.java：20)
```

从程序的运行结果可以看出：原异常对象抛出点的调用栈信息会丢失，类似于ReThrowTwo.java程序中重新抛出异常对象时调用 fillInStackTrace()方法。

13.3.3 异常链

捕获一个异常对象后再抛出另外一个异常对象，并且希望把原异常对象抛出点的调用栈信息保存下来，这被称为异常链。JDK 1.4 之前，要保存异常链需要程序员自己编写代码。在新版本的 JDK 中，Throwable 及其子类在创建异常对象时，都能够接收一个对象作为参数，这个参数能够表示原始异常，能够传递信息异常。通过异常链可以追踪到异常最初被抛出的地方。

```
//ExceptionChain.java
public class ExceptionChain {
    public static void f1()throws Exception {
        System.out.println("源于方法 f1()中的异常：");
        throw new Exception("来自于方法 f1()");
    }
    public static void f2()throws Exception {
        try {
            f1();
        }
        catch(Exception e){
            System.out.println("f2()方法中，printStackTrace()：");
            e.printStackTrace(System.out);
            throw new Exception("来自于方法 f2()", e);
        }
    }
    public static void main(String[] args) {
        try {
            f2();
        }
        catch(Exception e){
```

```
            System.out.println("main 方法中，printStackTrace()：");
            e.printStackTrace(System.out);
        }
    }
}
```

13.3.4　异常的丢失

Java 异常处理机制的设计也存在缺陷，就是异常会丢失。下面的程序展示了这种情况：

```
//LossExceptionOne.java
class MyException1 extends Exception {
    private String message;
    MyException1(String message){
        this.message=message;
    }
    public String getMessage(){
        return message;
    }
}
class MyException2 extends Exception {
    private String message;
    MyException2(String message){
        this.message=message;
    }
    public String getMessage(){
        return message;
    }
}
public class LossExceptionOne {
    public static void f1()throws MyException1 {
        throw new MyException1("MyException1 in f1()");
    }
    public static void f2()throws MyException2 {
        throw new MyException2("MyException2 in f2()");
    }
    public static void main(String[] args) {
        try {
            try {
                f1();
            }
            finally{
                f2();
            }
        }
```

```
            catch(Exception e){
                System.out.println(e.getMessage());
            }
        }
    }
```

在上面的程序中，方法 f1()中产生的异常被方法 f2()中产生的异常所取代。在 finally 子句中直接返回也会造成异常的丢失，下面的程序展示了这种情况：

```
//LossExceptionTwo.java
public class LossExceptionTwo {
    public static void main(String[] args){
        try {
            throw new Exception("丢失的异常!");
        }
        finally{
            return;
        }
    }
}
```

13.4 自定义异常

使用 Java 类库中提供的异常类不能解决全部的问题，这时就需要创建自定义的异常类，自定义异常类必须是 Exception 或其子类的派生类。下面的程序展示如何创建自定义的异常类：

```
//MyExceptionDemo.java
class IllegalRadiusException extends Exception {
    private String message;
    public IllegalRadiusException(double radius){
        message="非法的半径："+radius;
    }
    public String getMessage(){
        return message;
    }
}
class Circle{
    private double radius;
    Circle(){}
    void setRadius(double radius)throws IllegalRadiusException{
        if(radius >=0)
            this.radius=radius;
        else
            throw new IllegalRadiusException(radius);
```

```
        }
        double getArea(){
            return Math.PI * radius * radius;
        }
    }
    public class MyExceptionDemo {
        public static void main(String[] args){
            Circle c=new Circle();
            try {
                c.setRadius(-20);
                System.out.println("面积为："+c.getArea());
            } catch (IllegalRadiusException e) {
            System.out.println(e.getMessage());
        }
    }
}
```

13.5　异常的限制

在继承中发生方法重写时，Java 编译器要求子类里重写方法的定义要么没有异常说明，如果有，则异常说明里的异常必须包含在基类中被重写方法的异常说明里列出来的那些异常之中。下面代码中，子类 ExceptionRestrictOne 重写了父类 ClassA 中的方法 f()，但 ClassA 中的方法 f()的异常声明列表中并没有 ExceptionC，所以子类中 void f()throws ExceptionC{}有编译错误。

```
//ExceptionRestrictOne.java
class ExceptionA extends Exception{}
class ExceptionB extends Exception{}
class ExceptionC extends Exception{}
class ClassA {
    void f()throws ExceptionA, ExceptionB {}
}
public class ExceptionRestrictOne extends ClassA {
    //1: void f(){}
    //2: void f()throws ExceptionA{}
    //3: void f()throws ExceptionB{}
    //4: void f()throws ExceptionA, ExceptionB{}
    //5: void f()throws ExceptionC{}//编译错误
}
```

Java 中异常限制原因在于继承和动态绑定。Java 中方法的动态绑定导致了多态性，为了防止当程序中发生向上转型时可能带来的异常处理错误从而导致的程序的失灵和崩溃，因此增加了对异常的限制。

异常限制的总结：

(1) 如果父类构造器有异常说明，那么子类构造器也必须声明抛出父类构造器中声明的那些异常(或这些异常的父类异常)。另外，子类构造器的异常说明中也可以有基类构造器的异常说明中没有的异常。

(2) 如果父类的被重写方法没有异常说明，那么子类里的重写方法也不能有异常说明；如果父类的被重写方法有异常说明，那么子类里的重写方法中的定义要么没有异常说明，要么有的话则异常说明里的异常必须包含在父类被重写方法的异常说明里列出的那些异常之中(或是这些异常的子类异常)。

(3) 如果子类不仅继承了一个父类，还实现了一个或多个接口，而且该重写方法在两个或两个以上的接口(父类)中存在，那么子类中的重写方法声明抛出的异常，应为存在该方法的那些接口(父类)中的该方法声明抛出的异常的交集。

总之，如果方法被重写，则要求被重写的方法一定不能声明抛出新的异常或比原方法范畴更广的异常。

13.6 断　　言

Java2 在 JDK 1.4 中新增了一个关键字：assert。在程序开发过程中使用它创建一个断言(assertion)。

JVM 断言默认是关闭的。如在 Eclipse 里可以通过下面的步骤开启断言：

Run→Run Configurations→Arguments 页签→VM arguments(文本框中加上断言开启的标志：-enableassertions 或者-ea 即可)。

在 Java 中使用断言要注意以下问题：

(1) 断言是可以局部开启的，如：父类禁止断言，而子类开启断言，所以一般说“断言不具有继承性”。

(2) 断言只适用于复杂的调试过程。

(3) 断言一般用于程序执行结果的判断，千万不要让断言处理业务流程。

断言的语法形式有两种形式：

(1) assert condition。这里的 condition 是一个必须为真(true)的表达式。如果表达式的结果为 true，那么断言为真，并且无任何行动。如果表达式的结果为 false，则断言失败，会抛出一个 AssertionError 类型的对象。这个 AssertionError 类是 Error 类的子类，而 Error 类继承于 Throwable，Error 是和 Exception 并列的一个错误类，通常用于表示系统级运行错误。

(2) asser condition：expr。这里的 condition 和(1)中一样，但其冒号后跟的是一个表达式，通常用于断言失败后的提示信息，实际上它是一个能够传给 AssertionError 构造函数的值，如果断言失败，该值被转化为对应的字符串，并显示出来。

下面的程序可以测试断言的这两种用法：

```
//TestAssertion.java
public class TestAssertion {
    public static void main(String[] args) {
```

```
        int i; int sum=0;
        for(i=0; i < 10; i++){
            sum+=i;
        }
        System.out.println("i="+i+", sum="+sum);
        assert i==10;
        assert sum > 10 && sum < 5 * 10: "sum is "+sum;
        //assert i==9;
        //assert sum > 10 && sum <4 * 10: "sum is "+sum;
    }
}
```

13.7 本讲小结

异常是程序运行过程中出现的错误，在 Java 中用类来描述，用对象来表示具体的异常。Java 中的异常分为 Error 与 Exception，Error 是程序无力处理的错误，而 Exception 是程序可以处理的错误。异常处理机制增加了 Java 程序的健壮性。

本讲详细阐述了 Java 中的异常处理机制，以及怎么使用自定义的异常类和异常的限制，最后简单介绍了 Java 中的断言。

1. 运行时异常与一般异常有何异同？
2. Error 和 Exception 有什么区别？
3. Java 语言如何进行异常处理？关键字：throws、throw、try、catch、finally 分别代表什么意义？在 try 块中可以抛出异常吗？
4. 写出下面程序的运行结果。

```
public class TestException1 {
    int test(){
        try{
            return func1();
        }
        finally{
            return func2();
        }
    }
    int func1(){
        System.out.println("func1");
        return 1;
    }
    int func2(){
```

```
            System.out.println("func2");
            return 2;
        }
        public static void main(String[]args) {
            System.out.println(new TestException1().test());
        }
    }
```

5. 写出下面程序的运行结果。

```
public class TestException2{
    public int get(){
        try{
            return 1;
        }
        finally{
            return 2;
        }
    }
    public static void main(String args[]){
        TestException2 t=new TestException2();
        int b=t.get();
        System.out.println(b);
    }
}
```

6. 写出下面程序的运行结果。

```
public class TestException3 {
    static int test(){
        int x=1;
        try{
            return x;
        }
        finally{
            ++x;
        }
    }
    public static void main(String[] args) {
        System.out.println(new TestException3().test());
    }
}
```

第 14 讲 Java 多线程(一)

假设有两个互不相同的任务：打印操作和访问数据库，如 MultiTask.java 程序中所示。

```
//MultiTask.java
public class MultiTask {
    public static void printAll(){}
    public static void accessDataBase(){}
    public static void main(String[] args) {
    printAll(); //打印操作
        accessDataBase(); //访问数据库
    }
}
```

MultiTask.java 程序的设计是顺序执行，即 accessDataBase()的执行必须在 printAll()之后才能进行，如果 printAll()阻塞，那么 accessDataBase()得不到执行。

并发编程可以解决上面的问题。我们可以将程序划分为多个分离的、独立运行的子任务，每个任务都可以有自己的运行资源，从而实现并发。有两种方式实现程序的并发：

(1) 多进程。大多数操作系统都支持多进程。一个程序启动时，可以为其启动多个进程，并让这些进程“同时”运行，当一个进程被阻塞或运行较慢时，其他进程还在运行而不受影响，这样可以增加资源的利用率。

然而，创建一个进程要占用相当一部分的处理器时间和内存资源，而且多数操作系统中进程享有独立的内存空间，不允许进程间相互访问内存。所以，进程间的通信很不方便。

(2) 多线程。线程也称为轻型进程，因其活动在单个进程内，所以创建线程要比创建进程要廉价得多，并且允许线程间协作和数据交换，所以线程比进程更可取。但并不是所有的操作系统都提供对线程的支持。

14.1 Java 中的线程

对 Java 语言本身而言，从设计之初就提供了对线程的支持，如 Java 的根类(Object 类)中提供了操作线程的方法，每个类都能从根类中继承并使用这些方法。

可以在一个程序中并发地启动多个线程，这些线程可以在多个 CUP 系统上同时运行，也可以在单 CPU 系统上“同时”运行。在单 CPU 系统中，多个线程共享 CPU 时间。Java 运行时系统实现了一个用于调度线程执行的线程调度器，用于确定某一时刻由哪一个线程在 CPU 上运行。

线程是有生命周期的，一个线程的生命周期包含以下五种状态，如图 14.1 所示。

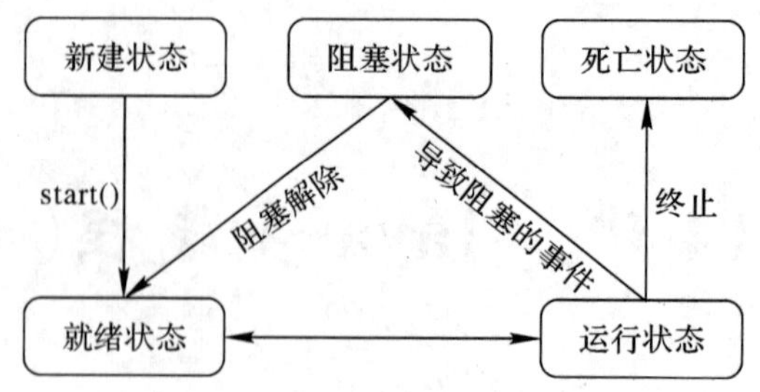

图 14.1 线程的状态

(1) 新建状态(New)：线程对象被创建并执行了初始化。

(2) 就绪状态(Runnable)：线程对象创建后，其他线程调用了该对象的 start()方法。该状态的线程位于可运行线程池中，变得可运行，等待获取 CPU 的使用权。

(3) 运行状态(Running)：就绪状态的线程获取了 CPU 的使用权，则转到运行状态执行程序代码。

(4) 阻塞状态(Blocked)：线程因为某种原因放弃 CPU 使用权，暂时停止运行。直到线程进入就绪状态，才有机会转到运行状态。

(5) 死亡状态(Dead)：线程执行完或者因异常退出 run()方法，该线程结束生命周期。

导致线程阻塞的原因有以下几种：

(1) 通过调用 sleep(milliseconds)使线程进入休眠状态，在这种情况下，线程在指定的时间内不会运行。

(2) 通过调用 wait()使线程挂起，直到线程得到了 notify()或 notifyAll()消息后，线程才会进入就绪状态。

(3) 线程在等待某个输入/输出完成。

(4) 线程试图在某个对象上调用其同步控制方法，但是对象锁不可用，因为另一个线程已经获取了这个锁。

14.2 Java 多线程的实现

实现多线程程序有两种方式：

1. 扩展 Thread 类

Thread 类是一个具体的类，该类封装了线程的行为。要创建一个线程，可以使用 Thread 类的子类，但子类必须覆盖 Thread 中的 run()函数。把有用的工作放在 run()函数中完成。要想启动这个线程，必须使用子类对象调用 start()函数。下面的代码说明了它的用法：

```
//ThreadDemo.java
import java.util.*;
class MyThread extends Thread{
    int pauseTime;
    String name;
```

```
        public MyThread(int x, String n) {
            pauseTime=x;
            name=n;
        }
        public void run() {
            while(true) {
                try {
                    System.out.println(name+": "+new
                        Date(System.currentTimeMillis()));
                    Thread.sleep(pauseTime);
                } catch(Exception e) {
                    System.out.println(e);
                }
            }
        }
    }
    public class ThreadDemo {
        public static void main(String[] args) {
            MyThread t1=new MyThread(1000, "Fast Guy");
            MyThread t2=new MyThread(3000, "Slow Guy");
            t1.start();
            t2.start();
        }
    }
```

在上面的程序中，main 线程里创建了两个线程 t1 和 t2，它们可以按照不同的时间间隔输出当前时间。但有时 MyThread 已经是某个类的子类，就不能再继承 Thread 类，这时可以使用 Runnable 接口。

2. 实现 Runnable 接口

Runnable 接口中只有一个函数——run()，此函数必须由实现了此接口的类实现。但是，就启动这个线程而言，其语义与前一个示例稍有不同。我们可以用 Runnable 接口改写前一个示例。

```
    //RunnableDemo.java
    import java.util.Date;
    class MyThread implements Runnable {
        int pauseTime;
        String name;
        public MyThread(int x, String n) {
            pauseTime=x;
            name=n;
        }
        public void run() {
```

```
            while(true) {
                try {
                    System.out.println(name+": "+new
                        Date(System.currentTimeMillis()));
                    Thread.sleep(pauseTime);
                } catch(Exception e) {
                    System.out.println(e);
                }
            }
        }
    }
    public class RunnableDemo {
        public static void main(String[] args) {
            MyThread r1=new MyThread(1000, "Fast Guy");
            MyThread r2=new MyThread(3000, "Slow Guy");
            Thread t1=new Thread(r1);
            Thread t2=new Thread(r2);
            t1.start();
            t2.start();
        }
    }
```

从上面的示例可以看出，当使用 Runnable 接口时，不能直接创建所需类的对象并运行它，而必须从 Thread 类的一个实例内部运行它。

14.3 线 程 池

Java SE5 对线程类库做了大量的扩展，其中线程池就是其新特征之一。开辟一块内存空间(线程池)，里面存放了众多(未死亡)的线程，池中线程执行调度由池管理器来处理。当有线程任务时，从池中取一个，执行完成后线程对象归池，这样可以避免反复创建线程对象所带来的性能开销，节省系统的资源。

Java5 的线程池分为固定尺寸的线程池、可变尺寸连接池和单任务线程池等。

14.3.1 固定尺寸线程池

可以采用 Executors 类中的静态方法 newFixedThreadPool(int nThreads)方法，创建一个固定尺寸大小的线程池。

```
//FixedThreadPoolDemo.java
import java.util.concurrent.*;
class MyRunnable implements Runnable{
    int count;
    MyRunnable(int count){
```

```
            this. count=count;
        }
        public void run(){
            for (int i=0; i < 5; i++){
                System. out. println("第"+count+"个任务运行第"+(i+1)+"次");
            }
        }
    }
    public class FixedThreadPoolDemo {
        public static void main(String[] args) {
            ExecutorService exec=Executors. newFixedThreadPool(2);
            for (int i=0; i < 10; i++)
                exec. execute(new MyRunnable(i));
            exec. shutdown();
        }
    }
```

14.3.2 可变尺寸线程池

可以使用 Executors. newCachedThreadPool()根据需要创建一个线程池。

```
//CachedThreadPoolDemo. java
import java. util. concurrent. * ;
public class CachedThreadPoolDemo {
    public static void main(String[] args) {
        ExecutorService exec=Executors. newCachedThreadPool();
        for (int i=0; i < 10; i++)
            exec. execute(new MyRunnable(i));
        exec. shutdown();
    }
}
```

14.3.3 单任务线程池

可以使用 Executors. newSingleThreadExecutor()创建一个单任务线程池。

```
//SingleThreadPoolDemo. java
import java. util. concurrent. * ;
public class SingleThreadPoolDemo {
    public static void main(String[] args) {
        ExecutorService exec=Executors. newSingleThreadExecutor();
        for (int i=0; i < 10; i++)
            exec. execute(new MyRunnable(i));
        exec. shutdown();
    }
}
```

14.4　线程的调度

Java 虚拟机采用抢占式调度模型，尽量优先让就绪队列中优先级高的线程占用 CPU，如果可运行池中的线程优先级相同，那么就随机选择一个线程，使其占用 CPU。处于运行状态的线程会一直运行，直至它不得不放弃 CPU。

一个线程放弃 CPU 的原因有以下几个方面：

(1) Java 虚拟机让当前线程暂时放弃 CPU，转到就绪状态，使其他线程获得运行机会。

(2) 当前线程因为某些原因而进入阻塞状态。

(3) 线程结束运行。

线程的调度不是跨平台的，它不仅仅取决于 Java 虚拟机，还依赖于操作系统。在某些操作系统中，只要运行中的线程没有遇到阻塞，就不会放弃 CPU。而在某些操作系统中，即使线程没有遇到阻塞，也会运行一段时间后放弃 CPU，给其他线程运行的机会。

Java 的线程调度是不分时的，同时启动多个线程后，不能保证各个线程轮流获得均等的 CPU 时间片。

Java 线程调度是 Java 多线程的核心，只有良好的调度，才能充分发挥系统的性能，提高程序的执行效率。但调度只能最大限度的影响线程执行的次序，而不能做到精准的控制。

14.4.1　线程休眠

线程休眠的目的是使线程让出 CPU 资源交给其他线程以便能轮换执行，当休眠一定时间后，线程会苏醒进入就绪状态等待执行。

线程休眠的方法有：public static void sleep(long millis)和 public static void sleep(long millis，int nanos)。

两个方法均为静态方法，在某个线程内调用以上方法即可使本线程休眠。下面的程序代码展示了线程的休眠：

```
//ThreadSleepDemo.java
class MyThread1 extends Thread {
    public void run() {
        for (int i=0; i < 10; i++) {
            System.out.println("MyThread1 第"+(i+1)+"次执行!");
            try {
                Thread.sleep(1000);
            } catch (InterruptedException e) {
                e.printStackTrace();
            }
        }
    }
}
class MyThread2 extends Thread {
    public void run() {
```

```
        for (int i=0; i < 10; i++) {
            System.out.println("MyThread2 第"+(i+1)+"次执行!");
            try {
                Thread.sleep(1000);
            } catch (InterruptedException e) {
                e.printStackTrace();
            }
        }
    }
}
public class ThreadSleepDemo {
    public static void main(String[] args) {
        Thread t1=new MyThread1();
        Thread t2=new MyThread2();
        t1.start();
        t2.start();
    }
}
```

14.4.2 线程优先级

Java 中的线程是有优先级的，优先级表达了该线程的重要性，调度器倾向于让优先级高的线程先运行。但线程的优先级仍然无法保障线程的执行次序，只不过，优先级高的线程获取 CPU 资源的概率较大，优先级低的也并非没机会执行。

修改 ThreadSleepDemo.java 程序，为线程 t1 和 t2 设置优先级。可以使用 getPriority()得到线程的优先级，使用 setPriority()来设置线程的优先级。

```
//ThreadPriorityDemo.java
public class ThreadPriorityDemo {
    public static void main(String[] args) {
        Thread t1=new MyThread1();
        Thread t2=new MyThread2();
        t1.setPriority(10);
        t2.setPriority(1);
        t2.start();
        t1.start();
    }
}
```

Java 中线程的优先级用 1～10 之间的整数表示，数值越大优先级越高，默认的优先级为 5。但每种操作系统优先级的个数是不同的，如 Windows 有 7 个优先级且不是固定的，Solaris 有 2^{31} 个优先级。为了保持 Java 程序的可移植性，最好使用 MAX_PRIORITY、NORM_PRIORITY 和 MIN_PRIORITY 三种级别。

另外，在一个线程中创建一个新线程，则新线程称为该线程的子线程，子线程初始优先级与父线程相同。

14.4.3 线程让步

线程让步是指使当前正在运行的线程让出CPU资源，让线程回到就绪状态。线程的让步可用yield()方法。再次修改ThreadSleepDemo.java程序，使MyThread1让步：

```
//ThreadYieldDemo.java
class MyThread1 extends Thread {
    public void run() {
        Thread.yield();
        for (int i=0; i < 10; i++) {
            System.out.println("MyThread1 第"+(i+1)+"次执行!");
        }
    }
}
class MyThread2 extends Thread {
    public void run() {
        for (int i=0; i < 10; i++) {
            System.out.println("MyThread2 第"+(i+1)+"次执行!");
        }
    }
}
public class ThreadYieldDemo {
    public static void main(String[] args) {
        Thread t1=new MyThread1();
        Thread t2=new MyThread2();
        t1.start();
        t2.start();
    }
}
```

14.4.4 线程合并

线程合并是指将多个并行运行的线程合并为一个线程运行，即一个线程必须等待另一个线程执行完毕才能执行。线程合并可以使用join()方法，下面程序展示了线程合并的用法：

```
//ThreadJoinDemo.java
class SumRunnable implements Runnable{
    int sum=0, n;
    SumRunnable(int n){
        this.n=n;
    }
    public void run(){
        for (int i=0; i <=n; i++){
            sum=sum+i;
```

```
            }
        }
        public int getSum(){
            return sum;
        }
    }
    public class ThreadJoinDemo {
        public static void main(String[] args){
            int n=100;
            SumRunnable r=new SumRunnable(n);
            Thread t=new Thread(r);
            t.start();
            try {
                t.join();
            } catch (InterruptedException e) {
                e.printStackTrace();
            }
            System.out.println("1+...+"+n+"的和为"+r.getSum());
        }
    }
```

14.5 前台线程和后台线程

后台线程是指为其他线程提供服务的线程，也称为守护线程。JVM 的垃圾回收线程就是一个后台线程。

前台线程是指接受后台线程服务的线程。由前台线程创建的线程默认也是前台线程。可以通过 isDaemon()和 setDaemon()方法来判断和设置一个线程是否为后台线程。

```
    //DaemonDemo.java
    class MyThread3 extends Thread {
        public void run() {
            for (int i=0; i < 5; i++) {
                System.out.println("MyThread3 第"+(i+1)+"次执行!");
                try {
                    Thread.sleep(1000);
                } catch (InterruptedException e) {
                    e.printStackTrace();
                }
            }
        }
    }
    class MyThread4 extends Thread {
        public void run() {
```

```
            for (int i=0; i < 100; i++) {
                System.out.println("MyThread4 第"+(i+1)+"次执行!");
                try {
                    Thread.sleep(1000);
                } catch (InterruptedException e) {
                    e.printStackTrace();
                }
            }
        }
    }
    public class DaemonDemo {
        public static void main(String[] args) {
            Thread t3=new MyThread3();
            Thread t4=new MyThread4();
            t4.setDaemon(true);
            t3.start();
            t4.start();
        }
    }
```

14.6 本讲小结

Java 线程是 Java 语言中一个非常重要的部分，本讲就 Java 中多线程的基本知识作了简单介绍，首先介绍了 java 中多线程的概念、实现线程的方法、线程池的创建、线程的调度方法，而后又介绍了前台线程和后台线程。

课后练习

1. 进程和线程之间有什么不同?
2. 多线程编程的好处是什么?
3. 用户线程和守护线程有什么区别?
4. 有哪些不同的线程生命周期?
5. 什么是线程的调度? Java 中怎么进行线程的调度?
6. 什么是线程池? 如何创建一个 Java 线程池?

第 15 讲　Java 多线程(二)

将一个任务拆分成多个独立执行的子任务，这些子任务可以并行执行，这是使用 Java 多线程编程的好处，但这些子任务同时访问一个资源时，就会造成访问的冲突，在解决冲突时还要避免产生死锁(Deadlock)。另外，有时多个子任务之间需要协调通信来共同完成一个任务。

15.1　访问共享资源

多个线程同时访问同一存储空间时可能会出现访问冲突。例如，两个线程访问同一个对象时，一个线程向对象中存储数据，另一个线程读取该数据。当第一个线程还没有完成存储操作时，第二个线程就开始读取数据，这时就会产生混乱了。

15.1.1　访问冲突

考虑下面的程序：DataClass 类中的 increase()方法能使 data 加 1，为了模拟取数和存储延迟，把 data=data+1 操作分开，并使线程休眠 100 ms，t1 和 t2 分别调用 increase()，最后在 AccessConflict 类的 main 方法中输出结果。

```
//AccessConflict.java
class DataClass{
    private int data=0;
    public void increase(){
        int nd=data;
        try{
            Thread.sleep(100);
        }
        catch (Exception e){}
        data=nd+1;
    }
    public int getData(){
        return data;
    }
};
class NThread extends Thread{
    DataClass d;
    NThread(DataClass d){
```

```
            this.d=d;
        }
        boolean alive=true;
        public void run(){
            for(int i=0; i<100; i++){
                d.increase();
            }
            alive=false;
        }
    };
    public class AccessConflict {
        public static void main(String[] args){
            DataClass d=new DataClass();
            NThread t1=new NThread(d);
            NThread t2=new NThread(d);
            t1.start();
            t2.start();
            while(t1.alive||t2.alive);
            System.out.println("data="+d.getData());
        }
    }
```

15.1.2 解决冲突

防止冲突的方法就是当资源被一个线程访问时，为这个资源加锁，即第一个访问某资源的线程必须为这个资源加锁，使其他线程在资源被解锁之前无法访问该资源。

Java 使用关键字 synchronized 来实现这一过程，当线程要执行被关键字 synchronized 保护的代码片段时，它将检查锁是否可用，如果可用，就获取锁并执行代码，最后释放锁。

使用关键字 synchronized 修饰的方法称为同步方法，当线程调用非静态的 synchronized 方法时，自动获得 synchronized 所标识的与正在执行代码类的当前实例(this 实例)有关的锁。获得一个对象的锁也称为获取锁、锁定对象、在对象上锁定或在对象上同步。

关键字 synchronized 可以修饰方法，如解决 AccessConflict.java 中的冲突问题，可以给方法 increase()添加 synchronized 修饰符。

```
public synchronized void increase(){
int nd=data;
    try{
        Thread.sleep(100);
    }
    catch (Exception e){}
    data=nd+1;
}
```

关键字 synchronized 也可以修饰代码块，并且与修饰方法时功能完全一样。

```
public void increase(){
```

```
        synchronized (this){
            int nd=data;
            try{
                Thread.sleep(100);
            }
            catch (Exception e){}
            data=nd+1;
        }
    }
```

一个对象只有一个锁。所以，如果一个线程获得该锁，这时其他线程要想获得该对象的锁就必须等待，直到第一个线程释放(或返回)锁。这也意味着任何其他线程都不能进入该对象上的 synchronized 方法或代码块，直到该锁被释放。

同步时应注意的问题有：

(1) 当程序运行到 synchronized 同步方法或代码块时，该对象锁才起作用。

(2) 使用 private 修饰域，可以防止其他线程直接访问域。

(3) 线程睡眠时，它所持的任何锁都不会被释放。

(4) 一个线程可以同时获得多个锁。

(5) 同步方法虽然可以解决同步问题，但也存在缺陷，如果一个同步方法需要执行的时间很长，将会大大影响系统的效率，这时就应使用 synchronized 块。

15.1.3　静态方法同步

针对每个类，也有一个锁，所以 synchronized 修饰的静态方法可以在类的范围内防止对 static 数据的并发访问，如：

```
public synchronized static void f(){}
```

synchronized 修饰的静态方法属于某个类的范围，防止多个线程同时访问这个类中的 synchronized 修饰的静态方法，它可以对类的所有对象实例起作用。而 synchronized 的实例方法是某实例的范围，它可以防止多个线程同时访问这个实例中的 synchronized 方法。

15.2　线程间协作

可以使用锁(互斥)来同步多个线程，那么如何实现多个线程间的协作呢？多个线程协作的关键在于它们之间的相互通信。互斥可以保证同一时刻只有一个线程响应某个信号，在互斥的基础上再添加某种途径，可以使线程本身挂起，直到某些条件发生变化再转入就绪状态。

线程间的通信通过“等待—通知”机制来实现，Object 类中的 wait()和 notify()方法实现了这种机制。

wait()方法可以使线程等待某个条件发生变化，而这种条件将由另外一个线程来改变。wait()不是忙等待，线程在 wait()期间被挂起，可以通过 notify()或 notifyAll()被唤醒。

有两种形式的 wait()：public final void wait()和 public final void wait(long timeout, int nanos)。这两种重载的 wait()都能使线程等待，只不过第一个 wait()是通过 notify()或

notifyAll()被唤醒的。第二个 wait()以毫秒数作为参数，是指在此期间线程暂停，这与sleep()方法、yield()方法导致的线程暂停是不同的，区别如下：

(1) 在 wait()期间对象锁是释放的，能够避免死锁。而在 sleep()和 yield()期间，对象锁并没有被释放，容易产生死锁。

(2) 可以通过 notify()、notifyAll()来唤醒 wait()，或者使用"令时间到期"的方式唤醒 wait(long timeout, int nanos)。

对于多线程程序来说，不管任何编程语言，"生产者—消费者"模型都是最经典的例子，就像学习每一门编程语言，"Hello World!"都是最经典的例子一样。

实际上，准确地说应该是"生产者—消费者—仓储"模型，离开了仓储，"生产者—消费者"模型就显得没有说服力了。对于此模型，应该明确以下几点：

(1) 生产者仅仅在仓储未满时生产，仓满则停止生产；

(2) 消费者仅仅在仓储有产品时才能消费，仓空则需等待；

(3) 当消费者发现仓储没产品可消费时，会通知生产者生产；

(4) 生产者在生产出可消费产品时，通知等待的消费者去消费。

为了使问题简单，给出一个简单的"生产者—消费者"模型。

(1) 仓库容量：只能容纳一个数字。

(2) 生产者：可以生产数字，每生产一个数字就放入仓库，标识仓库为满，通知消费者取走数字。

(3) 消费者：可以取走数字，每次取走数字后，标识仓库为空，通知生产者可以生产数字。

下面给出这一简单"生产者—消费者"模型的程序代码：

```
//ProducerAndConsumerMode.java
class Store {
    private int seq;
    private boolean available=false;
    public synchronized int get() {
        while (available==false){
            try {
                wait();
            }catch(InterruptedException e){}
        }
        System.out.println("Consumer got: "+seq);
        available=false;
        notify();
        return seq;
    }
    public synchronized void put(int value){
        while (available==true) {
            try {
                wait();
            }catch(InterruptedException e){}
```

```
        }
        System.out.println("Producer put: "+value);
        seq=value;
        available=true;
        notify();
    }
}
class Producer extends Thread {
    private Store store;
    public Producer(Store s) {
        store=s;
    }
    public void run() {
        for (int i=0; i < 10; i++) {
            store.put(i);
            try {
                sleep(100);
            }catch(InterruptedException e) {}
        }
    }
}
class Consumer extends Thread {
    private Store store;
    public Consumer(Store s) {
        store=s;
    }
    public void run() {
        for(int i=0; i < 10; i++){
            store.get();
        }
    }
}
public class ProducerAndConsumerMode{
    public static void main(String args[]) {
        Store s=new Store();
        Producer p=new Producer(s);
        Consumer c=new Consumer(s);
        p.start();
        c.start();
    }
}
```

15.3 死　　锁

锁机制(互斥)可以解决访问冲突，但线程会导致陷入阻塞，所以会产生一种情况：第一个线程已经获得了第一个锁，在等待第二个锁，而第二个锁又被第二个线程把持，这样依此类推，最后一个线程又在等待第一个锁，这样循环下去，没有哪个线程能继续下去，这种情况被称为死锁。

哲学家就餐问题是一个典型的死锁例证。

问题描述：一个圆桌前坐着5位哲学家，两个人中间有一只筷子，桌子中央有面条。哲学家思考问题，当饿了的时候拿起左右两只筷子吃饭，且必须拿到两只筷子才能吃饭。上述问题会产生死锁的情况，即当5个哲学家都拿起自己右手边的筷子，准备拿左手边的筷子时会产生死锁现象。

解决办法：

(1) 添加一个服务生，只有当经过服务生同意之后才能拿筷子，服务生负责避免死锁的发生。

(2) 每个哲学家必须确定自己左右手的筷子都可用的时候，才能同时拿起两只筷子进餐，吃完之后同时放下两只筷子。

(3) 规定每个哲学家拿筷子时必须拿序号小的那只，这样最后一位未拿到筷子的哲学家只剩下序号大的那只筷子，但他不能拿起，那么剩下的这只筷子就可以被其他哲学家使用，从而避免了死锁。但是，这种情况不能很好地利用资源。

代码实现：实现第2种方案。

```
/*每个哲学家相当于一个线程*/
class Philosopher extends Thread{
    private String name;
    private Chopsticks chopstick;
    public Philosopher(String name, Chopsticks chopstick){
        super(name);
        this.name=name;
        this.chopstick=chopstick;
    }
    public void run(){
        while(true){
            thinking();
            chopstick.takeChopsticks();
            eating();
            chopstick.putChopsticks();
        }
    }
    public void eating(){
        System.out.println("I am Eating: "+name);
```

```
        try {
            sleep(1000); //模拟吃饭，占用一段时间资源
        } catch (InterruptedException e) {
            e.printStackTrace();
        }
    }
    public void thinking(){
        System.out.println("I am Thinking: "+name);
        try {
            sleep(1000); //模拟思考
        } catch (InterruptedException e) {
            e.printStackTrace();
        }
    }
}
class Chopsticks{
    /*5 只筷子，初始为都未被用*/
    private boolean[] used={false, false, false, false, false, false};
    /*只有当左右手的筷子都未被使用时，才允许获取筷子，
    且必须同时获取左右手筷子 */
    public synchronized void takeChopsticks(){
        String name=Thread.currentThread().getName();
        int i=Integer.parseInt(name);
        while(used[i]||used[(i+1)%5]){
            try {
                wait(); //如果左右手有一只正被使用，等待
            } catch (InterruptedException e) {
                e.printStackTrace();
            }
        }
        used[i ]=true;
        used[(i+1)%5]=true;
    }
    /*必须同时释放左右手的筷子*/
    public synchronized void putChopsticks(){
        String name=Thread.currentThread().getName();
        int i=Integer.parseInt(name);
        used[i ]=false;
        used[(i+1)%5]=false;
        notifyAll(); //唤醒其他线程
    }
}
public class PhilosophersDining {
```

```
    public static void main(String []args){
        Chopsticks chopstick=new Chopsticks();
        new Philosopher("0", chopstick).start();
        new Philosopher("1", chopstick).start();
        new Philosopher("2", chopstick).start();
        new Philosopher("3", chopstick).start();
        new Philosopher("4", chopstick).start();
    }
}
```

15.4 本讲小结

本讲首先介绍了访问共享资源时的访问冲突问题，以及解决冲突的办法；而后讲述了线程之间的协作以及避免死锁的方法。

课后练习

1. Java 中怎么解决访问冲突？
2. 线程之间是如何通信的？
3. 什么是死锁？如何分析和避免死锁？

第 16 讲　输入/输出(一)

Java 提供了丰富的类以实现与文件、控制台、网络等的通信，而通信的方式可以按字节或字符的方式进行，可以是顺序读取数据，也可以是随机读取数据。

16.1　File 类

File 类的对象既可以表示文件，也可以表示目录。我们可以在相对路径下创建文件或目录，也可以在绝对路径下创建文件或目录。在创建文件或路径时，要特别注意路径中文件的分隔符，不同的操作系统中，文件的分隔符是不同的。“/”是 UNIX 下的分隔符，而在 Windows 下为“\”。为了使程序具有良好的移植性，最好使用 File. separator。File 类中的函数非常多，下面的示例代码只测试几种常用的方法。

```
import java. io. * ;
public class TestFile {
    public static void main(String[] args) {
        File file=new File("test. txt");
        //File file=new File("test");
        if(file. exists()){
            if(file. isFile()){
                System. out. println("文件名："+file. getName());
            }
        else{
                System. out. println("路径为："+file. getAbsolutePath());
            }
        }
        else{
            try {
                file. createNewFile();
                System. out. println("文件已创建!");
                //file. mkdir();
                //System. out. println("文件夹已创建!");
            } catch (IOException e) {
                e. printStackTrace();
            }
        }
    }
```

```
}
```

mkdir()用于创建文件夹。如果要创建的文件夹的上级目录不存在的话，必须使用mkdirs()，则不存在的上级目录也会被创建。如果 File 表示某个目录，我们还可以列出这个目录下的所有文件及文件夹。示例代码如下：

```
import java.io.*;
public class TestDirectory {
    public void showFiles(String path){
        File file=new File(path);
        File[] name=file.listFiles();
        for(int i=0; i<name.length; i++){
            System.out.println(name[i].getName());
        }
    }
    public static void main(String[] args) {
        new TestDirectory().showFiles(".");
    }
}
```

16.2 文件过滤器

我们还可以编写一个文件过滤器，只列出符合条件的文件。下面代码列出当前目录下所有的.txt 文件：

```
import java.io.*;
public class FileFilter {
    String suffix;
        public void showFiles(String path, String suffix){
        this.suffix=suffix;
        File file=new File(path);
        String[] name=file.list(new MyFileFilter());
        for(int i=0; i< name.length; i++){
            System.out.println(name[i]);
        }
    }
    class MyFileFilter implements FilenameFilter{
        public boolean accept(File dir, String name){
            return name.endsWith(suffix);
        }
    }
    public static void main(String[] args) {
        new FileFilter().showFiles(".", ".txt");
    }
}
```

16.3　流

Java 使用流的方式读写硬盘、内存、键盘等设备上的数据。流可以按照不同的方式进行分类，按照流的方向，可以分为输入流和输出流；按照要处理的数据类型，可以分为字节流和字符流。

Java 提供了大量有关流的类，它们都在 java.io 包中。所有输入流类都是 InputStream 和 Reader 的子类，所有输出流类都是 OutputStream 和 Writer 的子类。其中 InputStream 和 OutputStream 表示字节流，Reader 和 Writer 表示字符流。

16.4　字节流和缓冲字节流

字节流可以处理所有类型的数据，包括视频、音频、图片、文本等，读取时按照字节读取，读到一个字节就返回一个字节。示例代码如下：

```
//字节流处理读写文本文件的示例
import java.io.*;
public class RWByStreamOne {
    public static void main(String[] args) {
        try {
            FileInputStream fis=new FileInputStream("test.txt");
            FileOutputStream fos=new FileOutputStream("test_new.txt");
            byte[] b=new byte[10];
            int a=0;
            while((a=fis.read(b))!=-1){
                fos.write(b, 0, a);
            }
            fos.flush();
            fos.close();
            fis.close();
        } catch (IOException e) {
            e.printStackTrace();
        }
    }
}
//字节流读取视频文件的示例
import java.io.*;
public class RWByStreamTwo {
    public static void main(String[] args) {
        try {
            FileInputStream fis=new FileInputStream("a.mp4");
            FileOutputStream fos=new FileOutputStream("a_new.mp4");
            byte[] b=new byte[100];
```

```
                int a=0;
                long start=System.currentTimeMillis();
                while((a=fis.read(b))!=-1){
                    fos.write(b, 0, a);
                }
                fos.flush();
                fos.close();
                fis.close();
                long stop=System.currentTimeMillis();
                System.out.println("所用时间："+(stop-start)+"ms");
            } catch (IOException e) {
                e.printStackTrace();
            }
        }
    }
```

缓冲字节流可以提高字节流的读取效率，示例代码如下：

```
//缓冲字节流读取视频文件的示例
import java.io.*;
public class RWByBufferedStream {
    public static void main(String[] args) {
        try {
            FileInputStream fis=new FileInputStream("a.mp4");
              //内存的大小是经验值，可以通过多次运行程序而定
            BufferedInputStream bis=new BufferedInputStream(fis, 1024*100);
            FileOutputStream fos=new FileOutputStream("a_new.mp4");
        BufferedOutputStream bos=new BufferedOutputStream(fos, 1024*100);
            byte[] b=new byte[100];
            int a=0;
            long start=System.currentTimeMillis();
            while((a=bis.read(b))!=-1){
                bos.write(b, 0, a);
            }
            bos.flush();
            bos.close();
            fos.close();
            bis.close();
            fis.close();
            long stop=System.currentTimeMillis();
            System.out.println("所用时间："+(stop-start)+"ms");
        } catch (IOException e) {
            e.printStackTrace();
        }
    }
}
```

16.5　字符流和缓冲字符流

字符流只能处理纯文本数据，读取时，读取一个或多个字符，然后查找指定的编码表，将查到的字符返回。示例代码如下：

```
import java.io.*;
public class RWByReaderAndWriter {
    public static void main(String[] args) {
        try{
            FileReader fis=new FileReader("test.txt");
            FileWriter fos=new FileWriter("test_new.txt");
            char[] b=new char[10];
            int a=0;
            while((a=fis.read(b))!=-1){
                fos.write(b, 0, a);
            }
            fos.flush();
            fos.close();
            fis.close();
        } catch (IOException e) {
            e.printStackTrace();
        }
    }
}
```

缓冲字符流可以提高字符流的读取效率，示例代码如下：

```
import java.io.*;
public class RWByBufferedChar {
    public static void main(String[] args) {
        try{
            FileReader fis=new FileReader("test.txt");
            BufferedReader br=new BufferedReader(fis);
            FileWriter fos=new FileWriter("test_new.txt");
            BufferedWriter bw=new BufferedWriter(fos);
            String s;
            while((s=br.readLine())!=null){
                bw.write(s+"\n");
            }
            bw.flush();
            bw.close();
            fos.close();
            br.close();
            fis.close();
```

```
            } catch (IOException e) {
                e.printStackTrace();
            }
        }
    }
```

Java 还提供了一个高效输出字符串的类：PrintWriter。示例代码如下：

```
import java.io.*;
public class RByPrintWriter {
    public static void main(String[] args) {
        try{
            FileReader fis=new FileReader("test.txt");
            BufferedReader br=new BufferedReader(fis);
            PrintWriter pw=new PrintWriter("test_new.txt");
            String s;
            while((s=br.readLine())!=null){
                pw.println(s);
            }
            pw.flush();
            pw.close();
            br.close();
            fis.close();
        } catch (IOException e) {
            e.printStackTrace();
        }
    }
}
```

16.6 本讲小结

本讲首先讲述了 File 类的用法，它既可以表示文件，也可以表示路径，使用 File 类中的方法还可以完成文件的过滤；其次讲解了字节流和字符流，并给出了相应的示例。

课后练习

1. 编写程序，列出给定路径下的文件名和目录文件名。
2. 编写程序，列出当前目录下的所有 .class 文件。
3. 编写程序，实现从文件中读出文件内容，并将其打印在屏幕当中，并标注上行号。
4. 从命令行中读入一个文件名，判断该文件是否存在。如果该文件存在，则在原文件相同路径下创建一个文件名为“copy_原文件名”的新文件，该文件内容为原文件的拷贝。

第 17 讲　输入/输出(二)

17.1　文件随机存取

RandomAccessFile 既不是 InputStream 的子类，也不是 OutputStream 的子类，除了实现 DataInput 和 DataOutput 接口之外(DataInputStream 和 DataOutputStream 也实现了这两个接口)，它和这两个类系毫不相干，甚至不使用 InputStream 和 OutputStream 类中已经存在的任何功能。它是一个完全独立的类，所有方法(绝大多数都只属于它自己)都是从零开始写的。这可能是因为 RandomAccessFile 能进行文件的随机存取，所以它的行为与其他的 I/O 类有些根本性的不同。总而言之，它是一个直接继承 Object 的独立的类。

RandomAccessFile 的工作方式基本上是把 DataInputStream 和 DataOutputStream 结合起来，再加上它自己的一些方法。比如定位用的 getFilePointer()，在文件里移动用的 seek()，以及判断文件大小的 length()、跳过多少字节数的 skipBytes()。此外，它的构造函数还要一个表示以只读方式(r)，还是以读写方式(rw)打开文件的参数（和 C 语言的 fopen()一模一样)，它不支持只写文件。下面代码是有关 RandomAccessFile 的例子：

```
import java.io.*;
public class RandomAccessFileDemo {
    public static void main(String[] args) throws Exception {
        RandomAccessFile file=new RandomAccessFile("file", "rw");
        //向 file 文件中写数据
        file.writeInt(12); //占 4 个字节
        file.writeDouble(3.1415926); //占 8 个字节
        /**
         * 向文件写入字符串"您好 JAVA"。先把这个字符串的
         * 长度写在当前文件指针开始的前两个字节处，再写入
         * 字符串"您好 JAVA"，长度可用 readShort()读取
         */
        file.writeUTF("您好 JAVA");
        file.writeBoolean(true); //占 1 个字节
        file.writeShort(395); //占 2 个字节
        file.writeLong(2325451L); //占 8 个字节
        file.writeUTF("再见 JAVA");
        file.writeFloat(3.14F); //占 4 个字节
        file.writeChar('a'); //占 2 个字节
```

```
            file.seek(0); //把文件指针位置设置到文件起始处
            //以下从 file 文件中读数据，要注意文件指针的位置
            System.out.println("—从 file 文件指定位置读数据—");
            System.out.println(file.readInt());
            System.out.println(file.readDouble());
            System.out.println(file.readUTF());
            //将文件指针跳过 3 个字节，即跳过了一个 boolean 值和 short 值。
            file.skipBytes(3);
            System.out.println(file.readLong());
            /**
             * 跳过 file.readShort()个字节。即跳过文件中
             * "再见 JAVA"所占的字节数，注意 readShort()
             * 方法会把文件指针移动 2 个字节，所以不用加 2。
             */
            file.skipBytes(file.readShort());
            System.out.println(file.readFloat());
            //以下演示文件复制操作
            System.out.println("—文件复制(从 file 到 new_file)—");
            file.seek(0);
            RandomAccessFile newfile=new RandomAccessFile("new_file", "rw");
            int len=(int)file.length(); //取得文件长度(字节数)
            byte[] b=new byte[len];
            file.readFully(b);
            newfile.write(b);
            System.out.println("复制完成!");
        }
    }
```

17.2 标准输入/输出

我们把键盘叫做标准输入设备，把显示器叫做标准输出设备。Java 在进行标准输出时非常容易，只需使用 System.out.println()即可。但要从键盘上得到数据就比较麻烦，可以开发一组实用工具，用于从键盘上获取基本数据类型和字符串。代码如下：

```
    package jin.io;
    import java.io.*;
    public class IOUtility {
        //从键盘上输入一个字符
        public char getChar()throws IOException{
            char c;
            InputStreamReader ir=new InputStreamReader(System.in);
            c=(char)ir.read();
            return c;
```

```
}
//从键盘上输入一个 String
public String getString()throws IOException{
    String s;
    InputStreamReader ir=new InputStreamReader(System.in);
    BufferedReader br=new BufferedReader(ir);
    s=br.readLine();
    return s;
}
//从键盘上输入一个 byte
public byte getByte()throws Exception{
    byte b;
    InputStreamReader ir=new InputStreamReader(System.in);
    BufferedReader br=new BufferedReader(ir);
    b=Byte.parseByte(br.readLine());
    return b;
}
//从键盘上输入一个 short
public short getShort()throws Exception{
    short s;
    InputStreamReader ir=new InputStreamReader(System.in);
    BufferedReader br=new BufferedReader(ir);
    s=Short.parseShort(br.readLine());
    return s;
}
//从键盘上输入一个 int
public int getInt()throws Exception{
    int i;
    InputStreamReader ir=new InputStreamReader(System.in);
    BufferedReader br=new BufferedReader(ir);
    i=Integer.parseInt(br.readLine());
    return i;
}
//从键盘上输入一个 long
public long getLong()throws Exception{
    long l;
    InputStreamReader ir=new InputStreamReader(System.in);
    BufferedReader br=new BufferedReader(ir);
    l=Long.parseLong(br.readLine());
    return l;
}
//从键盘上输入一个 float
    public float getFloat()throws Exception{
```

```
            float f;
            InputStreamReader ir=new InputStreamReader(System.in);
            BufferedReader br=new BufferedReader(ir);
            f=Float.parseFloat(br.readLine());
            return f;
        }
        //从键盘上输入一个 double
        public double getDouble()throws Exception{
            double d;
            InputStreamReader ir=new InputStreamReader(System.in);
            BufferedReader br=new BufferedReader(ir);
            d=Double.parseDouble(br.readLine());
            return d;
        }
    }
```

17.3 对象的序列化和反序列化

把对象转换为字节序列的过程称为对象的序列化，而把字节序列恢复为对象的过程称为对象的反序列化。

对象的序列化主要有两种用途：

(1) 把对象的字节序列永久地保存到硬盘上，通常存放在一个文件中。

在很多应用中，需要对某些对象进行序列化，让它们离开内存空间，入住物理硬盘，以便长期保存。比如最常见的是 Web 服务器中的 Session 对象，当有 10 万用户并发访问，就有可能出现 10 万个 Session 对象，内存可能吃不消，于是 Web 容器就会把一些 seesion 先序列化到硬盘中，当需要使用时再把保存在硬盘中的对象还原到内存中。

(2) 在网络上传送对象的字节序列。

当两个进程在进行远程通信时，彼此可以发送各种类型的数据。无论是何种类型的数据，都会以二进制序列的形式在网络上传送。发送方需要把这个 Java 对象转换为字节序列，才能在网络上传送；接收方则需要把字节序列再恢复为 Java 对象。

java.io.ObjectOutputStream 代表对象输出流，它的 writeObject(Object obj)方法可对参数指定的 obj 对象进行序列化，把得到的字节序列写到一个目标输出流中。而 java.io.ObjectInputStream 代表对象输入流，它的 readObject()方法是从一个源输入流中读取字节序列，再把它们反序列化为一个对象，并将其返回。

只有实现了 Serializable 和 Externalizable 接口的类的对象才能被序列化。Externalizable 接口继承自 Serializable 接口，实现 Externalizable 接口的类完全由自身来控制序列化的行为，而仅实现 Serializable 接口的类可以采用默认的序列化方式 。

对象序列化包括如下步骤：

(1) 创建一个对象输出流，它可以包装一个其他类型的目标输出流，如文件输出流；

(2) 通过对象输出流的 writeObject()方法写对象。

对象反序列化的步骤如下：

(1) 创建一个对象输入流，它可以包装一个其他类型的源输入流，如文件输入流；

(2) 通过对象输入流的 readObject()方法读取对象。

下面程序展示了对象的序列化：

```
import java.io.*;
import java.util.*;
public class TestObjectSerializable {
    public static void main(String[] args)throws IOException{
        FileOutputStream f=new FileOutputStream("data.dat");
        ObjectOutputStream out=new ObjectOutputStream(f);
        String s="现在的时间是：";
        Date nowTime=new Date();
        System.out.println("正在进行对象序列化...");
        out.writeObject(s);
        out.writeObject(nowTime);
        System.out.println("对象序列化完成!");
    }
}
```

下面程序展示了对象的反序列化：

```
import java.io.*;
import java.util.*;
public class TestObjectUnSerializable {
    public static void main(String[] args)throws Exception{
        FileInputStream f=new FileInputStream("data.dat");
        ObjectInputStream in=new ObjectInputStream(f);
        System.out.println("正在进行对象反序列化...");
        String s=(String)in.readObject();
        Date oldTime=(Date)in.readObject();
        System.out.println("对象反序列化完成!");
        System.out.print(s+oldTime);
    }
}
```

17.4　本讲小结

本讲主要讲的是，流是有方向的，所以对文件的读取只能是顺序读取，但 Java 提供了 RandomAccessFile 以完成对文件的随机存取；Java 提供了一系列的方法，使之能够很方便地从标准输入设备“键盘”上得到数据；而有时需要把对象永久的保存到文件里，Java 提供了对象的序列化和反序列化技术来实现这一点。

课后练习

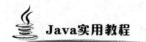

1. 编写程序：实现把 Java 中的基本数据类型按照 Java 的格式存储到当前目录下的文件中，然后再按照 Java 的格式读取。

2. 编写程序：从键盘输入多个字符串到程序中，并将它们按逆序输出在屏幕上。

3. Java 编写一个应用程序：用户从键盘输入一行含有数字字符的字符串，程序仅输出字符串中的全部数字字符。

第 18 讲 Java Swing

在 Java 中设计 GUI(Graphical User Interface，图形用户界面)可以使用 java. awt 包中的 AWT(Abstract Window Toolkit)组件，也可以使用 javax. swing 包中的 Swing 组件。

AWT 是一套与本地 GUI 进行交互的接口，AWT 中的图形函数与操作系统所提供的图形函数之间有着一一对应的关系。也就是说，利用 AWT 来构建 GUI 的时候，实际上是在利用操作系统所提供的图形库。因为不同操作系统的图形库所提供的功能不一样，所以在一个操作系统中存在的功能，在另外一个操作系统中可能会不存在。为了实现 Java 的跨平台性，AWT 不得不通过牺牲功能来实现其平台无关性，即 AWT 所提供的图形功能是各种通用型操作系统所提供的图形功能的交集。由于 AWT 依靠本地方法来实现其功能，所以通常把 AWT 控件称为“重量级组件”。

Java 2(JDK 1. 2)后的有关 GUI 部分称为“Swing”，它能在 Java 的 IDE 中通过拖放操作来创建合理的 GUI 程序，也可以通过手工编写。Swing 是在 AWT 的基础上构建的一套新的图形界面系统，它提供了 AWT 所能够提供的所有功能，并对 AWT 的功能进行了大幅度的扩充。由于大部分 Swing 组件是使用纯粹的 Java 代码来实现的，因此具有很强的移植性。大部分 Swing 组件没有使用本地方法来实现图形功能，所以通常把 Swing 控件称为“轻量级组件”，其继承结构如图 18. 1 所示。除了 Swing 中的重量级组件以外，其余所有的 Swing 组件类都继承自 JComponent 类，JComponent 类的继承关系如图 18. 2 所示。

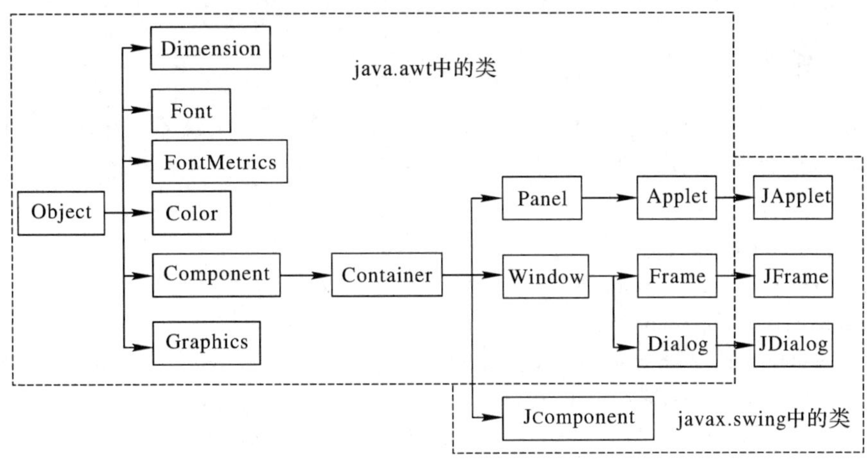

图 18. 1 Swing 的继承关系图

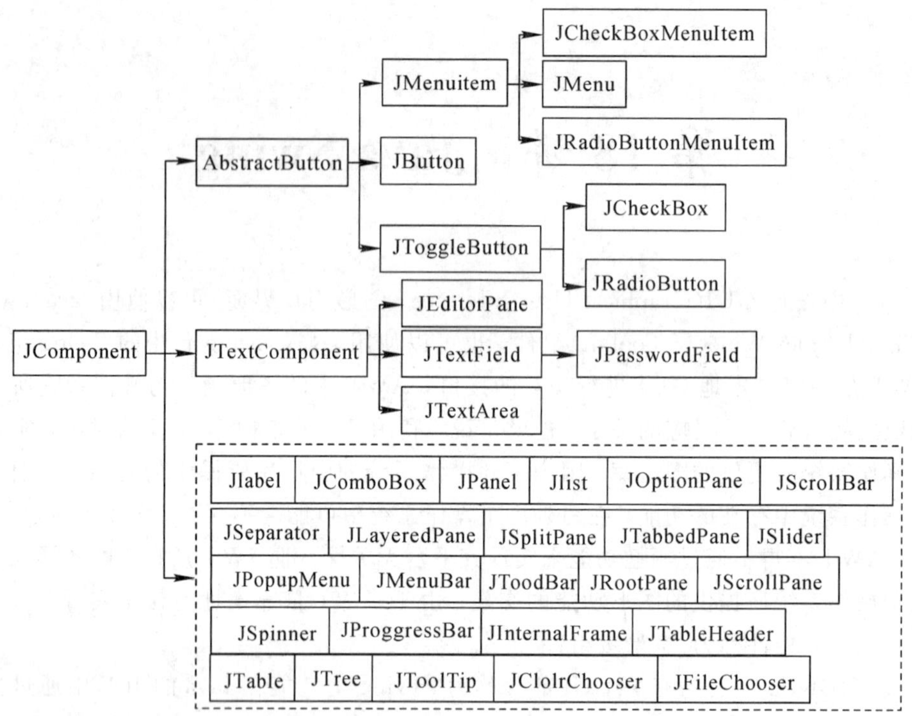

图 18.2 JComponent 的继承关系图

Swing 非常强大，本讲只对其作简单的介绍，以便于读者为学习 Java 打下良好的基础。

18.1 Swing 入门

在详细介绍 Swing 之前，先编写一个简单的 GUI 示例，为了方便地把 GUI 显示到屏幕上，还可以开发一个显示框架。

18.1.1 一组例子

可以使用 JFrame 创建一个窗体，任何轻量级组件都可以在窗体上显示，只有被称为“顶层容器”的组件才能显示到屏幕上。下面的程序代码创建了一个窗体并把其显示到屏幕上：

```
//TestJFrame.java
import javax.swing.JFrame;
public class TestJFrame {
    public static void main(String[] args) {
        JFrame f=new JFrame();
        f.setDefaultCloseOperation(JFrame.EXIT_ON_CLOSE);
        f.setSize(300, 300);
        f.setVisible(true);
    }
}
```

运行结果如图 18.3 所示。

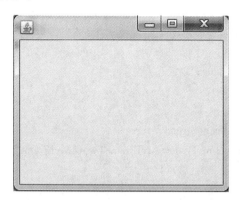

图 18.3　TestJFrame.java 的运行结果图

还可以通过继承 JFrame 来创建自己的窗体：

```
//MyJFrameOne.java
public class MyJFrameOne extends JFrame {
    MyJFrame(String title){
        setTitle(title);
        setDefaultCloseOperation(JFrame.EXIT_ON_CLOSE);
        setSize(300, 300);
        setVisible(true);
    }
    public static void main(String[] args) {
        MyJFrame myf=new MyJFrame("MyJFrame");
    }
}
```

JButton 和 JLabel 都是 Swing 中的基本组件，JButton 用来创建按钮，而 JLabel 用来创建标签，它们不能直接显示到屏幕上，必须放入其他容器中，最终随着顶层容器一起显示到屏幕上，把基本组件放入容器之前，先要设置容器的布局。下面的程序把按钮和标签放入窗体上，并显示到屏幕上：

```
//MyJFrameTwo.java
import java.awt.FlowLayout;
import javax.swing.JButton;
import javax.swing.JFrame;
import javax.swing.JLabel;
public class MyJFrameTwo extends JFrame {
    JButton button;
    JLabel label;
    MyJFrameTwo(String title){
        setTitle(title);
        setDefaultCloseOperation(JFrame.EXIT_ON_CLOSE);
        setLayout(new FlowLayout());
```

```
        button=new JButton("按钮");
        label=new JLabel("标签");
        add(button);
        add(label);
        setSize(300, 300);
        setVisible(true);
    }
    public static void main(String[] args) {
        MyJFrameTwo myf=new MyJFrameTwo("MyJFrame");
    }
}
```

运行结果如图 18.4 所示。

图 18.4　MyJFrameTwo. java 的运行结果图

点击图 18.4 中的按钮不会有任何反应，因为没有为其添加事件处理代码。下面的程序代码为按钮添加事件处理代码，点击“按钮”使“标签”字体颜色变为红色：

```
//MyJFrameThree.java
import java.awt.Color;
import java.awt.FlowLayout;
import java.awt.event.ActionEvent;
import java.awt.event.ActionListener;
import javax.swing.JButton;
import javax.swing.JFrame;
import javax.swing.JLabel;
public class MyJFrameThree extends JFrame{
    JButton button;
    JLabel label;
    MyJFrameThree(String title){
        setTitle(title);
        setDefaultCloseOperation(JFrame.EXIT_ON_CLOSE);
        setLayout(new FlowLayout());
        button=new JButton("按钮");
        button.addActionListener(new ActionListener(){
            public void actionPerformed(ActionEvent e){
```

```
                label.setForeground(Color.red);
            }
        });
        label=new JLabel("标签");
        add(button);
        add(label);
        setSize(300, 300);
        setVisible(true);
    }
    public static void main(String[] args) {
        MyJFrameThree myf=new MyJFrameThree("MyJFrame");
    }
}
```

根据以上所列的四个例子，可以总结出 GUI 编程的步骤：

(1) 创建容器；

(2) 为容器设置布局；

(3) 创建组件，把其添加到容器中；

(4) 为组件添加事件处理代码。

18.1.2 显示框架

为了避免冲突和死锁，最好不要在 main 线程中对屏幕进行操作。Swing 中有专门的线程(Swing 事件分发线程)来接收 UI(User Interface，用户界面)事件并更新屏幕，通过把任务提交给 SwingUtilities.invokeLater()来实现。所以，我们可以编写一个显示 JFrame 的框架，用来显示 GUI 程序，把其放到 jin.util 包中，以便在其他程序中引入：

```
//GUIShow.java
package jin.util;
import javax.swing.*;
public class GUIShow {
    public static void show(final JFrame f, final int width, final int height){
        SwingUtilities.invokeLater(new Runnable(){
            public void run(){
                f.setTitle(f.getClass().getName());
                f.setDefaultCloseOperation(JFrame.EXIT_ON_CLOSE);
                f.setSize(width, height);
                f.setVisible(true);
            }
        });
    }
}
```

18.2 容　　器

容器是用来盛装其他 GUI 组件的 GUI 组件。AWT 中的容器类有 Window、Panel、Applet、Frame、Dialog 等，而 Swing 容器类有 JFrame、JWindow、JDialog、JApplet、JPanel 等。本节介绍几种常用的 Swing 容器。

18.2.1 顶层容器

Swing 中的 JFrame、JDialog、JApplet 和 JWindow 直接继承了 AWT 组件，而不是从 JComponent 派生出来的，它们是重量级的，被称为顶层容器。

(1) JFrame 继承自 AWT 中的 Frame 类，通常作为主窗体使用。

(2) JDialog 用于创建对话框，对话框不能单独存在，必须借助于窗体。

(3) JApplet 可作为 Java 小应用程序的窗体，被嵌入到网页中运行。

(4) JWindow 与 JFrame 类似，所不同的是 JWindow 没有用于默认关闭操作或菜单栏的属性。

上面的例子中已经使用过 JFrame 了，下面的程序展示了 JWindow 和 JDialog 的用法：

```
//TestJwindow. java
import java. awt. * ;
import java. awt. event. * ;
import javax. swing. * ;
public class TestJWindow extends JWindow{
    JDialog dialog;
    JButton button;
    TestJWindow(){
        setLayout(new FlowLayout());
        button=new JButton("创建对话框");
        button. addActionListener(new ActionListener(){
            public void actionPerformed(ActionEvent e){
                dialog=new JDialog();
                dialog. setVisible(true);
            }
        });
        add(button);
        this. setBounds(100, 100, 300, 300);
        this. setVisible(true);
    }
    public static void main(String[] args) {
        TestJWindow window=new TestJWindow();
    }
}
```

运行结果如图 18.5 所示。

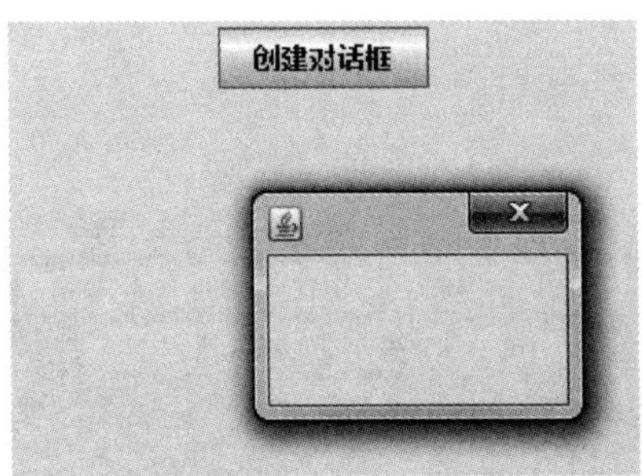

图 18.5 TestJWindow.java 的运行结果图

18.2.2 中间层容器

有些容器不能直接显示到电脑屏幕上(必须放置到顶层容器或其他容器中才能被显示),它们存在的目的是放置各种组件。常用的中间层容器有 JPanel、JScrollPane、JSplitPane、JToolBar、JInternalFrame、JLayeredPane、JRootPane、JTabbedPane 等,下面介绍几种常用的中间层容器的用法。

1. JPanel

JPanel(面板)是 Java 中常用的轻量级中间层容器之一,常用来放置其他轻量级组件。默认状态下它不绘制任何东西,可以很容易为其设置边框,也可以嵌套使用。下面的程序展示了 JPanel 的用法:

```
//JPanelDemo.java
import java.awt.*;
import javax.swing.*;
import jin.util.GUIShow;
public class JPanelDemo extends JFrame{
    JPanel panelOne, panelTwo;
    public JPanelDemo(){
        panelOne=new JPanel();
        panelTwo=new JPanel();
        for (int i=0; i< 10; i++){
            panelOne.add(new JButton("按钮"+(i+1)));
        }
        for (int i=10; i< 12; i++){
            panelTwo.add(new JButton("按钮"+(i+1)));
        }
        panelOne.setBackground(Color.red);
        panelTwo.setBackground(Color.blue);
        add(panelOne, BorderLayout.CENTER);
        add(panelTwo, BorderLayout.SOUTH);
    }
    public static void main(String[] arg){
```

```
        GUIShow. show(new JPanelDemo(), 380, 200);
    }
}
```

运行结果如图 18.6 所示。

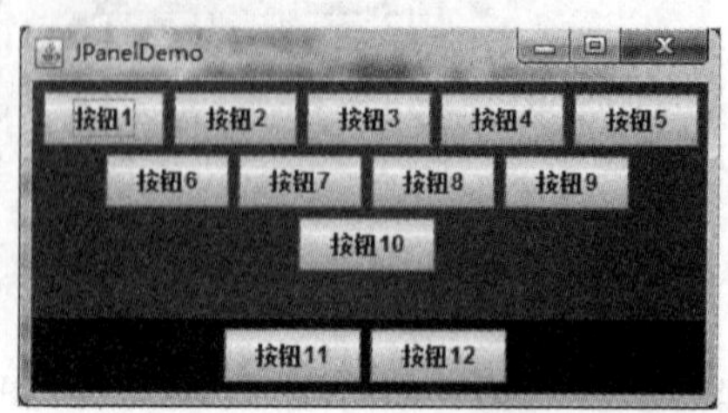

图 18.6　JPanelDemo. java 的运行结果图

2. JScrollPane

当容器内要容纳的内容大于容器大小的时候，我们可以给容器添加一个滚动条，通过拖动滑块看到更多的内容，JScrollPane(滚动面板)就是能够实现这种功能的轻量级中间层容器。JScrollPane 包括九个部分：一个中心显示区、四个角和四条边，如图 18.7 所示。

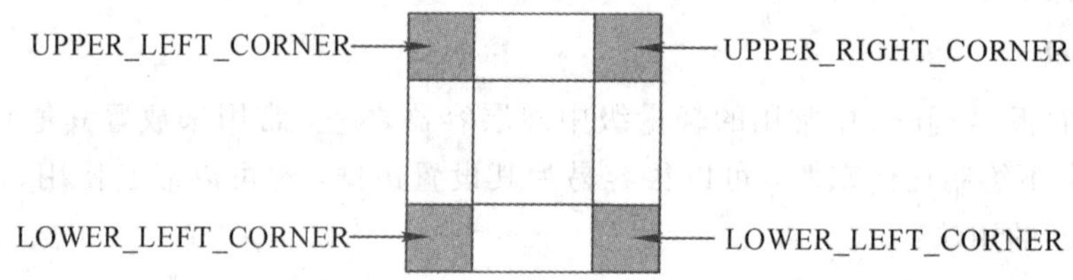

图 18.7　JScrollPane 图

下面的程序展示了 JScrollPane 的用法：

```
//JScrollPaneDemo. java
import javax. swing. * ;
import jin. util. GUIShow;
public class JScrollPaneDemo extends JFrame {
    JScrollPane scrollPane;
    JPanel panel;
    JScrollPaneDemo(){
        panel=new JPanel();
        for (int i=0; i < 10; i++){
            panel. add(new JButton("按钮"+(i+1)));
        }
        scrollPane=new JScrollPane(panel);
        add(scrollPane);
    }
    public static void main(String[] args){
        GUIShow. show(new JScrollPaneDemo(), 300, 150);
    }
}
```

运行结果如图 18.8 所示。

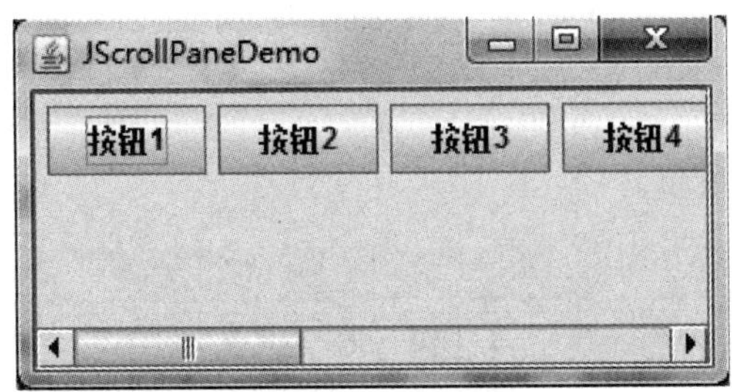

图 18.8　JScrollPaneDemo.java 的运行结果图

3. JSplitPane

JSplitPane(分割面板)是一个可以被分成两个显示区域的面板，可以拖动区域间的分割线来改变每个区域的大小。分割方式可以是水平分割，也可以是垂直分割。如果设置了动态拖拽功能，则拖动分割线时两边组件会随着拖拽动态改变大小。通常先把组件放到 JScrollPane 中，再把 JScrollPane 放到 JSplitPane 中，这样每个窗口都可以拖动滚动条看到组件的全部内容了。下面的程序代码展示了 JSplitPane 的用法：

```
//JSplitPaneDemo.java
import javax.swing.*;
import jin.util.GUIShow;
public class JSplitPaneDemo extends JFrame{
    JScrollPane scrollPaneOne, scrollPaneTwo;
    JPanel panelOne, panelTwo;
    JSplitPane splitPane;
    JSplitPaneDemo(){
        panelOne=new JPanel();
        panelTwo=new JPanel();
        scrollPaneOne=new JScrollPane(panelOne);
        scrollPaneTwo=new JScrollPane(panelTwo);
        for (int i=0; i < 10; i++){
            panelOne.add(new JButton("按钮"+(i+1)));
        }
        for (int i=10; i < 20; i++){
            panelTwo.add(new JButton("按钮"+(i+1)));
        }
        //重绘方式为 true
        splitPane = new JSplitPane(JSplitPane.HORIZONTAL_SPLIT, true, scrollPa-
        neOne, scrollPaneTwo);
        splitPane.setDividerLocation(300); //设置位置
        splitPane.setDividerSize(10); //设置宽度
        splitPane.setOneTouchExpandable(true); //添加箭头
        add(splitPane);
    }
```

```
    public static void main(String[] args){
        GUIShow.show(new JSplitPaneDemo(), 600, 200);
    }
}
```

运行结果如图 18.9 所示。

图 18.9　JSplitPaneDemo.java 的运行结果图

4. JTabbedPane

JTabbedPane(页签面板)可以在窗体上显示多个控件。可以将不同类别的控件放到不同的 Tab 页上，然后根据需要点击相应的 Tab 页。在传统的 Tab 页上只能放置文本的图标，而在 Java SE 6 中可以直接将控件放到 Tab 上。我们可以通过 setTabComponentAt 方法将控件放到 Tab 上，这个方法有两个参数：一个是 Tab 的索引，另一个是要放置的对象。下面的程序展示了 JTabbedPane 的用法：

```
//JTabbedPaneDemo.java
import javax.swing.*;
import jin.util.GUIShow;
import java.awt.*;
public class JTabbedPaneDemo extends JFrame {
    JTabbedPane tabbedPane;
    JPanel panelOne, panelTwo, panelThree, panelFour;
    JTabbedPaneDemo(){
        tabbedPane=new JTabbedPane();
        panelOne=new JPanel();
        panelTwo=new JPanel();
        panelThree=new JPanel();
        panelFour=new JPanel();
        panelOne.add(new JLabel("此页显示“目录”"));
        panelTwo.add(new JLabel("此页显示“索引”"));
        panelThree.add(new JLabel("此页显示“搜索”"));
        panelFour.add(new JLabel("Tab 上为按钮"));
        tabbedPane.addTab("目录", panelOne);
        tabbedPane.addTab("索引", panelTwo);
        tabbedPane.addTab("搜索", panelThree);
        tabbedPane.addTab("button", panelFour);
        tabbedPane.setTabComponentAt(3, new JButton("按钮"));
```

```
        add(tabbedPane);
    }
    public static void main(String[] args) {
        GUIShow.show(new JTabbedPaneDemo(), 250, 200);
    }
}
```

运行结果如图 18.10 所示。

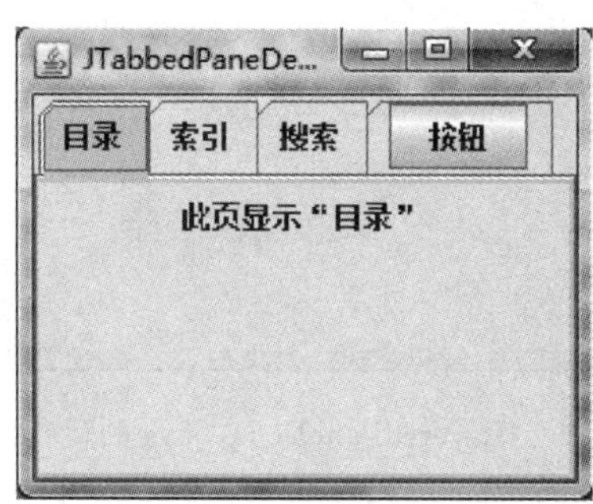

图 18.10 JTabbedPaneDemo.java 的运行结果图

5. JLayeredPane

Swing 提供两种分层面板：JLayeredPane 和 JDesktopPane。JDesktopPane 是 JLayeredPane 的子类，专门为容纳内部窗体(JInternalFrame)而设置。

向一个分层面板中添加组件，需要说明将其加入了哪一层。下面的程序展示了 JLayeredPane 的用法：

```
//JLayeredPaneDemo.java
import javax.swing.*;
import jin.util.GUIShow;
public class JLayeredPaneDemo extends JFrame {
    private JButton buttonA, buttonB;
    private JLayeredPane lp;
    public JLayeredPaneDemo() {
        lp=new JLayeredPane();
        buttonA=new JButton("按钮 A");
        buttonB=new JButton("按钮 B");
        lp.add(buttonA, 0);
        lp.add(buttonB, 1);
        buttonA.setBounds(100, 100, 100, 100);
        buttonB.setBounds(50, 50, 100, 100);
        add(lp);
    }
    public static void main(String args[]) {
        GUIShow.show(new JLayeredPaneDemo(), 250, 250);
    }
}
```

运行结果如图 18.11 所示。

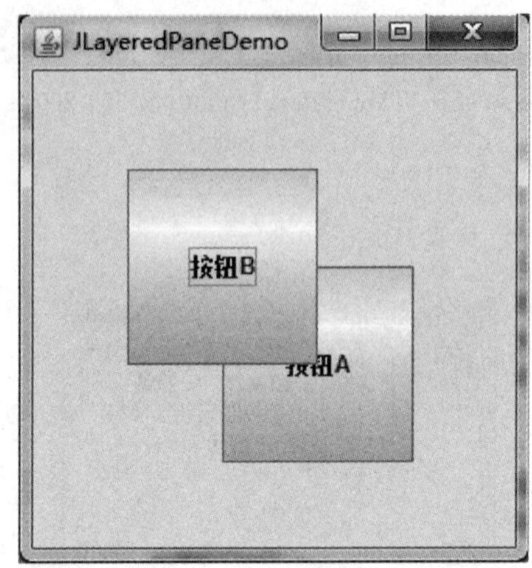

图 18.11　JLayeredPaneDemo. java 的运行结果图

6. JInternalFrame

JInternalFrame(内部窗体)的使用跟 JFrame 几乎一样，具有最大化、最小化、关闭、加入菜单等功能。唯一不同的是 JInternalFrame 是轻量级组件，不能单独显示，必须依附在最上层组件上来显示。

为了方便管理，一般会将 JInternalFrame 加入 JDesktopPane 中。JDesktopPane 是一种特殊的分层面板，是 JLayeredPane 的子类，用来建立虚拟桌面(Vitual Desktop)，它可以显示并管理众多 JInternalFrame 之间的层次关系。

下面的程序展示了 JInternalFrame 和 JDesktopPane 的用法：

```
//JInternalFrameDemo.java
import javax.swing.*;
import java.awt.event.*;
import java.awt.*;
import java.beans.*;
import jin.util.GUIShow;
public class JInternalFrameDemo extends JFrame {
JDesktopPane desktopPane;
int count=1;
JButton outerButton, innerButton;
JPanel outerPanel, innerPanel;
JInternalFrame internalFrame;
JTextArea textArea;
public JInternalFrameDemo() {
    outerButton=new JButton("创建内部窗体");
    outerButton.addActionListener(new ActionListener(){
        public void actionPerformed(ActionEvent e){
            internalFrame=new JInternalFrame(
                "Internal Frame "+(count++), true, true, true, true);
            internalFrame.setLocation(20*count, 20*count);
```

```
                internalFrame.setSize(200, 200);
                internalFrame.setVisible(true);
                textArea=new JTextArea();
                innerButton=new JButton("内部窗体中的按钮");
                innerPanel=new JPanel();
                innerPanel.add(innerButton);
                internalFrame.add(textArea, BorderLayout.CENTER);
                internalFrame.add(innerPanel, BorderLayout.SOUTH);
                desktopPane.add(internalFrame);
                try {
                    internalFrame.setSelected(true);
                } catch (PropertyVetoException ex) {
                    System.out.println("出现异常");
                }
            }
        });
            outerPanel=new JPanel();
            outerPanel.add(outerButton);
            add(outerPanel, BorderLayout.SOUTH);
            desktopPane=new JDesktopPane();
            add(desktopPane);
        }
        public static void main(String[] args) {
            GUIShow.show(new JInternalFrameDemo(), 500, 500);
        }
    }
```

运行结果如图 18.12 所示。

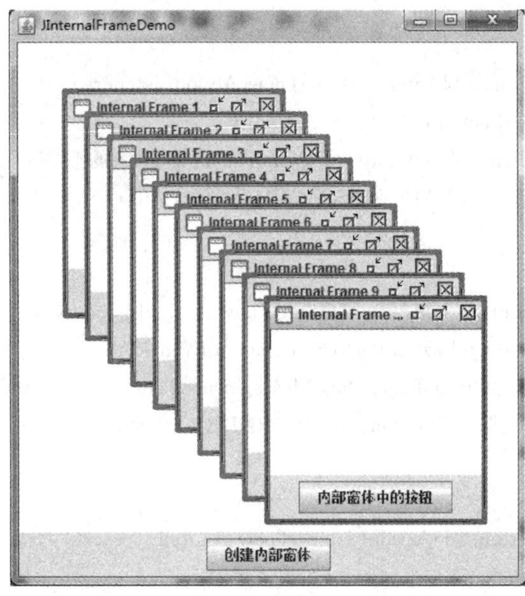

图 18.12　JInternalFrameDemo.java 的运行结果图

7. JOptionPane

JOptionPane(选择面板)能够方便地弹出满足用户要求的各种类型的对话框。此类中包含 showXxxDialog()方法，具体介绍如下。

(1) showConfirmDialog()方法：显示确认对话框。

(2) showInputDialog()方法：显示输入对话框。

(3) showMessageDialog()方法：显示消息对话框。

(4) showOptionDialog()方法：显示选择对话框。

下面的程序展示了 JOptionPane 的用法：

```
//JOptionPaneDemo.java
import jin.util.GUIShow;
import javax.swing.*;
import java.awt.*;
import java.awt.event.*;
public class JOptionPaneDemo extends JFrame {
    JButton confirmButton, inputButton, messageButton, optionButton;
    JOptionPaneDemo(){
        setLayout(new FlowLayout());
        confirmButton=new JButton("创建确认对话框");
        inputButton=new JButton("创建输入对话框");
        messageButton=new JButton("创建消息对话框");
        optionButton=new JButton("创建选择对话框");
        confirmButton.addActionListener(new ActionListener(){
            public void actionPerformed(ActionEvent e){
                JOptionPane.showConfirmDialog(null, "你高兴吗?", "确认对话框",
                JOptionPane.YES_NO_OPTION);
            }
        });
        inputButton.addActionListener(new ActionListener(){
        public void actionPerformed(ActionEvent e){
        JOptionPane.showInputDialog(null, "请输入你的爱好：\n", "输入对话框",
        JOptionPane.PLAIN_MESSAGE);
    }
        });
        messageButton.addActionListener(new ActionListener(){
            public void actionPerformed(ActionEvent e){
                JOptionPane.showMessageDialog(null, "这是提示消息", "消息对话
                框", JOptionPane.WARNING_MESSAGE);
            }
        });
        optionButton.addActionListener(new ActionListener(){
            public void actionPerformed(ActionEvent e){
                String[] options={"足球", "篮球", "乒乓球", "羽毛球"};
```

```
                JOptionPane.showOptionDialog(null, "这是选择对话框", "选择对话
                框", JOptionPane.YES_OPTION, JOptionPane.PLAIN_MESSAGE,
                null, options, options[1]);
            }
        });
        add(confirmButton);
        add(inputButton);
        add(messageButton);
        add(optionButton);
    }
    public static void main(String[] args) {
        GUIShow.show(new JOptionPaneDemo(), 300, 200);
    }
}
```

运行结果如图 18.13 所示。

图 18.13 JOptionPaneDemo.java 的运行结果图

18.3 布局管理

当一个窗口中的组件较多时，界面应该简洁整齐、布局合理。Java 是跨平台语言，使用绝对坐标显然会导致问题，即在不同平台、不同分辨率下的显示效果会不一样。Java 为了实现跨平台的特性并且获得动态的布局效果，采用布局管理器对容器中的组件进行布局。不同的布局管理器使用不同的算法和策略，容器可以通过选择不同的布局管理器来决定其布局。当改变容器大小时，或者改变组件的大小，或者改变组件之间的相对位置，以保证组件不会被覆盖并且容器没有空白区域。

Java 定义了多种布局管理器，通过布局管理器之间的组合，能够设计出复杂的界面，而且在不同操作系统平台上都能够有一致的显示界面。上节讲述的每种容器都有默认的布局管理器，也可以通过 Container 类中定义的 setLayout()方法为容器指定布局管理器。本节只介绍常用的几种布局管理器：BorderLayout、FlowLayout、GirdLayout、CardLayout、GirdBagLayout 和 BoxLayout。

18.3.1 BorderLayout

BorderLayout 是 JFrame 的默认布局，可以直接通过 add()方法为其添加组件，如果没有为组件指定放置的位置，默认情况下被放在 JFrame 的中心位置，并且组件向四周扩展，占满整个 JFrame。BorderLayout 的特点有：

(1) 把容器分为五个方位，即东、西、南、北、中，组件按照方位被添加到容器中。

(2) 组件的大小占满整个所属方位，组件的大小随着容器的变化而变化。

(3) 如果不指定方位，组件默认被添加到容器的中心位置，并且占满整个容器。

下面程序代码展示了 BorderLayout 的用法：

```
//TestBorderLayout.java
import javax.swing.JFrame;
import javax.swing.JButton;
import java.awt.BorderLayout;
import jin.util.GUIShow;
public class TestBorderLayout extends JFrame{
    TestBorderLayout(){
        setLayout(new BorderLayout()); //本条语句可以省略
        add(new JButton("中间按钮"), BorderLayout.CENTER);
        add(new JButton("北边按钮"), BorderLayout.NORTH);
        add(new JButton("南边按钮"), BorderLayout.SOUTH);
        add(new JButton("东边按钮"), BorderLayout.EAST);
        add(new JButton("西边按钮"), BorderLayout.WEST);
    }
    public static void main(String[] args) {
        GUIShow.show(new TestBorderLayout(), 300, 300);
    }
}
```

运行结果如图 18.14 所示。

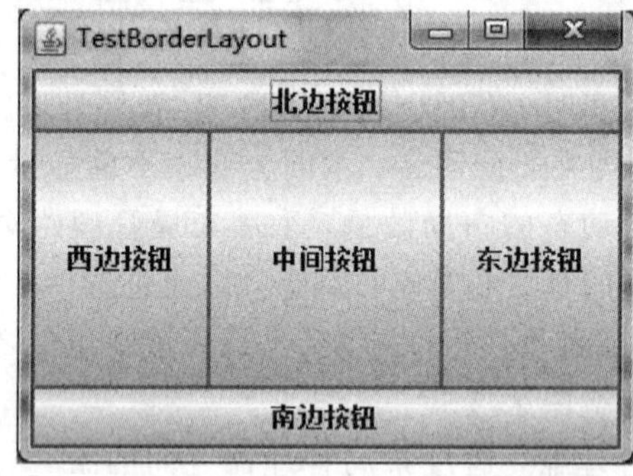

图 18.14　TestBorderLayout.java 的运行结果图

18.3.2　FlowLayout

FlowLayout 是 JPanel 的默认布局方式。使用 FlowLayout 布局方式的容器中，组件按照加入的先后顺序以及设置的对齐方式(居中、左对齐、右对齐)从左向右排列，一行排满后再从下一行开始继续排列。

在这种布局方式中，组件的大小不会随着容器大小的变化而改变，但其位置可能会发生改变。下面程序展示了 FlowLayout 的用法：

```
//TestFlowLayout.java
```

```
import javax.swing.JFrame;
import javax.swing.JButton;
import java.awt.FlowLayout;
import jin.util.GUIShow;
public class TestFlowLayout extends JFrame{
    TestFlowLayout(){
        setLayout(new FlowLayout());
        for(int i=0; i<10; i++){
            add(new JButton("按钮"+(i+1)));
        }
    }
    public static void main(String[] args) {
        GUIShow.show(new TestFlowLayout(), 300, 300);
    }
}
```

运行结果如图 18.15 所示。

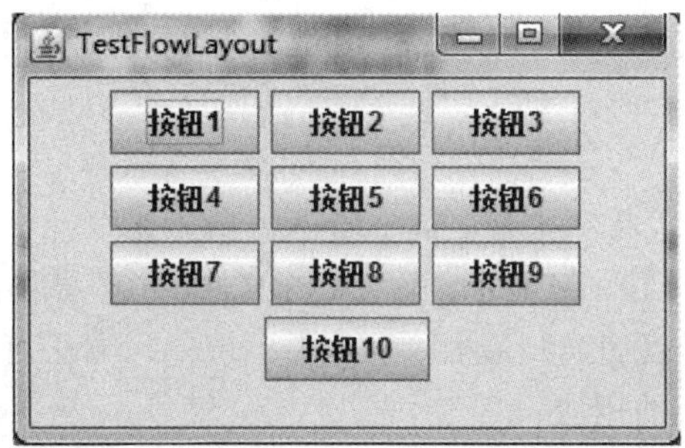

图 18.15　TestFlowLayout.java 的运行结果图

18.3.3　GirdLayout

GridLayout 把容器分成 M×N 个网格，M 是行数，N 是列数，M 和 N 的值可以在创建 GridLayout 的对象时确定。组件按照从左到右、从上到下的顺序放入容器，容器的大小改变时，组件的相对位置不变，但大小会改变。下面程序展示了 GridLayout 的用法：

```
//TestGridLayout.java
import javax.swing.JFrame;
import javax.swing.JButton;
import java.awt.GridLayout;
import jin.util.GUIShow;
public class TestGridLayout extends JFrame{
    TestGridLayout(){
        setLayout(new GridLayout(3, 4));
        for(int i=0; i<10; i++){
            add(new JButton("按钮"+(i+1)));
        }
```

```
    }
    public static void main(String[] args){
        GUIShow.show(new TestGridLayout(), 300, 300);
    }
}
```

运行结果如图 18.16 所示。

图 18.16　TestGridLayout.java 的运行结果图

18.3.4　CardLayout

CardLayout 把容器分成多张卡片，每个组件占用一张卡片，组件之间的关系就像一副牌，叠在一起。初始时显示第一张卡片，通过 CardLayout 类提供的 first()方法可以切换到第一张卡片，last()方法可以切换到最后一张卡片，next()方法可以切换到下一张卡片。下面程序展示了 CardLayout 的用法：

```
//TestCardLayout.java
import javax.swing.JFrame;
import javax.swing.JButton;
import javax.swing.JPanel;
import java.awt.BorderLayout;
import java.awt.CardLayout;
import java.awt.FlowLayout;
import java.awt.event.ActionEvent;
import java.awt.event.ActionListener;
import jin.util.GUIShow;
public class TestCardLayout extends JFrame{
    private JPanel northPanel, southPanel;
    JButton first, last, next;
    CardLayout cardLayout;
    TestCardLayout(){
        northPanel=new JPanel();
        southPanel=new JPanel();
        cardLayout=new CardLayout();
        northPanel.setLayout(cardLayout);
```

```
        for (int i=0; i < 10; i++){
            northPanel.add(new JButton("第一个按钮"+i));
        }
        first=new JButton("第一个");
        first.addActionListener(new ActionListener(){
            public void actionPerformed(ActionEvent e){
                cardLayout.first(northPanel);
            }
        });
        last=new JButton("最后一个");
        last.addActionListener(new ActionListener(){
            public void actionPerformed(ActionEvent e){
                cardLayout.last(northPanel);
            }
        });
        next=new JButton("下一个");
        next.addActionListener(new ActionListener(){
            public void actionPerformed(ActionEvent e){
                cardLayout.next(northPanel);
            }
        });
        southPanel.setLayout(new FlowLayout());
        southPanel.add(first);
        southPanel.add(next);
        southPanel.add(last);
        add(southPanel, BorderLayout.SOUTH);
        add(northPanel, BorderLayout.CENTER);
    }
    public static void main(String[] args) {
        GUIShow.show(new TestCardLayout(), 300, 300);
    }
}
```

运行结果如图 18.17 所示。

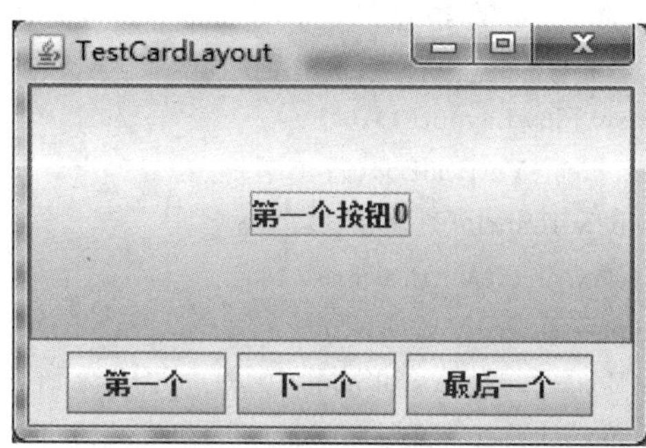

图 18.17　TestCardLayout.java 的运行结果图

18.3.5 BoxLayout

BoxLayout 可以通过参数 X_AXIS、Y_AXIS 把控件依次进行水平或者垂直排列布局，X_AXIS 表示水平排列，而 Y_AXIS 表示垂直排列。BoxLayout 的构造函数有两个参数：一个参数定义使用该 BoxLayout 的容器，另一个参数是指定 BoxLayout 是采用水平还是垂直排列的。下面是一个创建 BoxLayout 实例的例子：

```
JPanel panel=new JPanel();
BoxLayout layout=new BoxLayout(panel, BoxLayout.X_AXIS);
panel.setLayout(layoout);
```

在上面例子中，一个 BoxLayout 布局管理器的实例 layout 被创建，这个实例被设置为 panel 的布局管理器，该布局管理器采用了水平排列来排列控件。

当 BoxLayout 进行布局时，它将所有控件依次按照控件的优先尺寸按顺序进行水平或者垂直放置。假如布局的整个水平或者垂直空间的尺寸不能放下所有控件，那么 BoxLayout 会试图调整各个控件的大小来填充整个布局的水平或者垂直空间。

BoxLayout 往往和 Box 这个容器结合在一起使用，因为 Box 的默认布局为 BoxLayout，所以，如果想控制 Box 容器中组件之间的距离，需要使用水平或垂直支撑组件。使用 Box 类的静态方法 createHorizontalStrut(int width)可以获得一个不可见的水平 Strut 对象，作为水平支撑；而使用静态方法 createVerticalStrut(int height)可以获得一个不可见的竖直 Strut 对象，作为垂直支撑。

使用 Box 类的静态方法 createHorizontalBox()可以获得一个可以水平存放组件的 Box 对象，而使用静态方法 createVerticalBox()可以获得一个可以竖直存放组件的 Box 对象。

下面程序展示了 BoxLayout 布局的用法：

```
//TestBoxLayout.java
import java.awt.FlowLayout;
import javax.swing.Box;
import javax.swing.JFrame;
import javax.swing.JLabel;
import javax.swing.JTextField;
import jin.util.GUIShow;
public class TestBoxLayout extends JFrame{
    Box baseBox, boxV1, boxV2;
    TestBoxLayout(){
        setLayout(new FlowLayout());
        boxV1=Box.createVerticalBox();
        boxV1.add(new JLabel("姓名："));
        boxV1.add(Box.createVerticalStrut(10));
        boxV1.add(new JLabel("地址："));
        boxV1.add(Box.createVerticalStrut(10));
        boxV1.add(new JLabel("职业："));
        boxV2=Box.createVerticalBox();
        boxV2.add(new JTextField(10));
```

```
        boxV1.add(Box.createVerticalStrut(10));
        boxV2.add(new JTextField(10));
        boxV1.add(Box.createVerticalStrut(10));
        boxV2.add(new JTextField(10));
        baseBox=Box.createHorizontalBox();
        baseBox.add(boxV1);
        boxV1.add(Box.createHorizontalStrut(60));
        baseBox.add(boxV2);
        add(baseBox);
    }
    public static void main(String[] args) {
        GUIShow.show(new TestBoxLayout(), 250, 150);
    }
}
```

运行结果如图 18.18 所示。

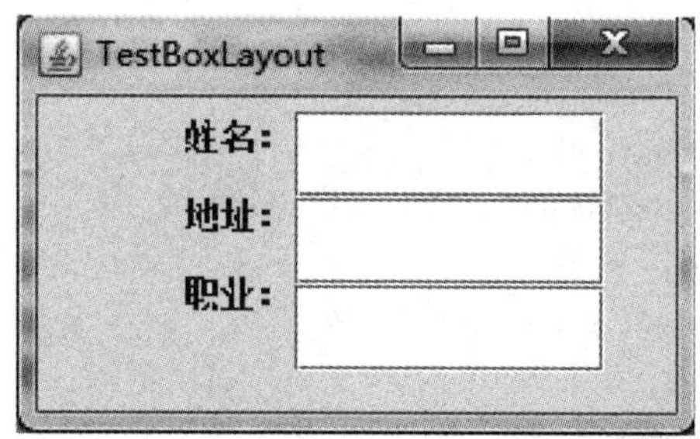

图 18.18 TestBoxLayout.java 的运行结果图

18.3.6 绝对布局

一般容器都有默认布局方式，但是有时候需要精确指定各个组建的大小和位置，此时就需要用到空布局，也叫绝对布局。在介绍绝对布局前，首先了解组件的坐标体系。

每个组件(包括容器)都是一个矩形区域，该矩形区域的左上角为坐标原点(0, 0)，x 轴向右增大，y 轴向下增大，如图 18.19 所示。

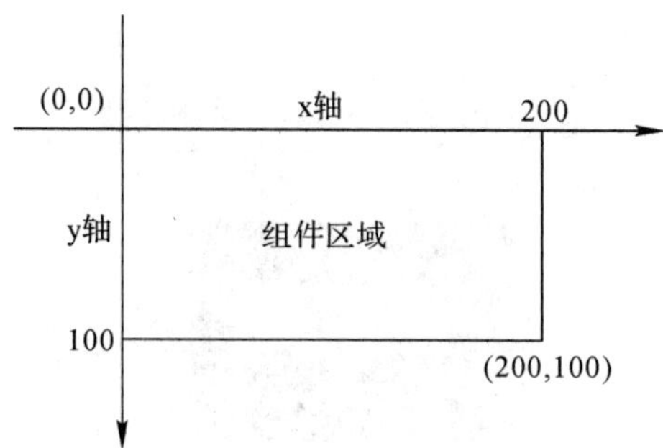

图 18.19 组件的坐标体系图

使用绝对布局的操作步骤：

(1) 首先利用 setLayout(null)语句将容器的布局设置为 null 布局(空布局)；

(2) 再调用组件的 setBounds(int x, int y, int width, int height)方法，设置组件在容器中的大小和位置，单位均为像素。

其中：x 为该组件左边缘离容器左边缘的距离，y 为该组件上边缘离容器上边缘的距离，width 为该组件的宽度，height 为该组件的高度。

下面程序展示了绝对布局的用法：

```
//TestNullLayout.java
import java.awt.Color;
import javax.swing.JButton;
import javax.swing.JFrame;
import javax.swing.JPanel;
import jin.util.GUIShow;
public class TestNullLayout extends JFrame{
    JButton b;
    JPanel panel;
    TestNullLayout(){
        setLayout(null);
        panel=new JPanel();
        panel.setLayout(null);
        b=new JButton("按钮");
        panel.add(b);
        b.setBounds(30, 30, 100, 30);
        add(panel);
        panel.setBounds(30, 30, 150, 100);
        panel.setBackground(Color.red);
        setSize(250, 250);
        setVisible(true);
    }
    public static void main(String[] args) {
        GUIShow.show(new TestNullLayout(), 250, 250);
    }
}
```

运行结果如图 18.20 所示。

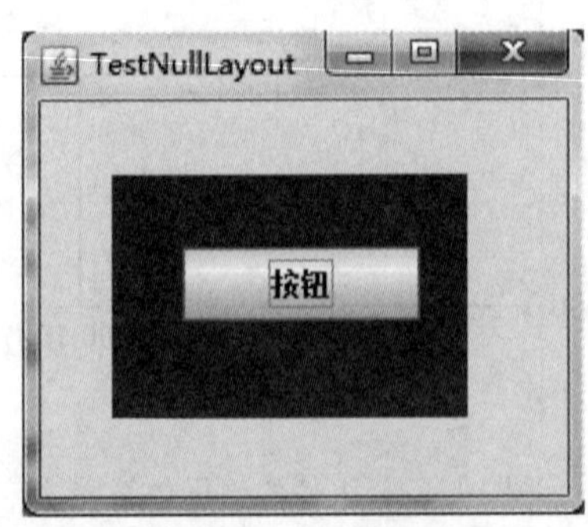

图 18.20　TestNullLayout.java 的运行结果图

对于初学者来说，手工编写 GUI 程序非常重要，因为你能够从中获得宝贵的编程经验。在你彻底理解了布局管理及事件处理机制后，就可以借助 IDE 工具来帮助你设计复杂的 GUI 界面了。

18.4　基本组件

因为所有轻量级组件类都继承于 JComponent，而 JComponent 类又是 Container 类的子类，因此所有的 Swing 组件都可以作为容器使用。本节只介绍常用的几种基本组件。

18.4.1　AbstractButton

Swing 中许多类型的按钮，包括复选框、单选按钮等，都是从 AbstractButton 类继承而来的。可以使用 setBorder()方法为组件添加边框，还可以把单选按钮添加到按钮组中。按钮的继承关系如图 18.21 所示。

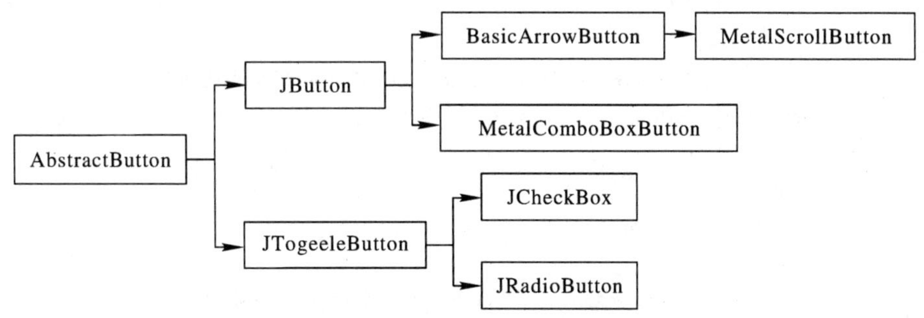

图 18.21　按钮继承关系图

下面程序展示了各种按钮的使用：

```
//VariousButtonDemo.java
import javax.swing.*;
import javax.swing.plaf.basic.BasicArrowButton;
import java.awt.*;
import jin.util.GUIShow;
public class VariousButtonDemo extends JFrame {
    JButton button;
    BasicArrowButton up, down, right, left;
    JToggleButton toggleButton;
    JCheckBox pc, com, netWork;
    JRadioButton man, women;
    JPanel arrow, major, gender;
    ButtonGroup group;
    VariousButtonDemo(){
        setLayout(new FlowLayout());
        button=new JButton("一般按钮");
        up=new BasicArrowButton(BasicArrowButton.NORTH);
        down=new BasicArrowButton(BasicArrowButton.SOUTH);
        right=new BasicArrowButton(BasicArrowButton.EAST);
```

```
        left=new BasicArrowButton(BasicArrowButton.WEST);
        toggleButton=new JToggleButton("JToggleButton");
        pc=new JCheckBox("计算机科学与技术");
        com=new JCheckBox("通信");
        netWork=new JCheckBox("网络");
        man=new JRadioButton("男");
        women=new JRadioButton("女");
        arrow=new JPanel();
        major=new JPanel();
        gender=new JPanel();
        group=new ButtonGroup();
        add(button);
        arrow.add(up);
        arrow.add(down);
        arrow.add(right);
        arrow.add(left);
        add(arrow);
        arrow.setBorder(BorderFactory.createTitledBorder("箭头按钮"));
        add(toggleButton);
        major.add(pc);
        major.add(com);
        major.add(netWork);
        add(major);
        major.setBorder(BorderFactory.createTitledBorder("专业"));
        group.add(man);
        group.add(women);
        gender.add(man);
        gender.add(women);
        add(gender);
        gender.setBorder(BorderFactory.createTitledBorder("性别"));
    }
    public static void main(String[] args) {
        GUIShow.show(new VariousButtonDemo(), 400, 180);
    }
}
```

运行结果如图 18.22 所示。

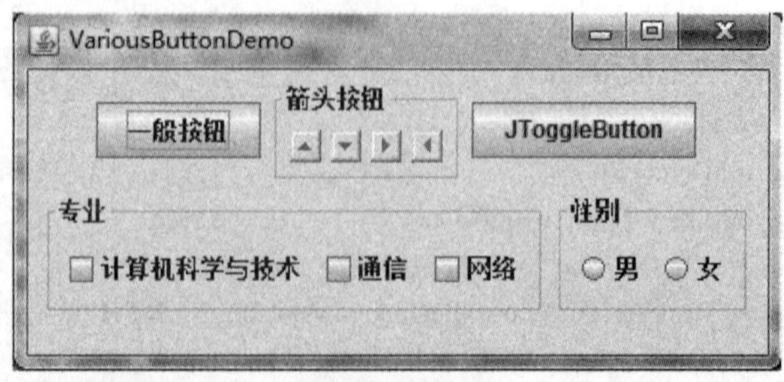

图 18.22　VariousButtonDemo.java 的运行结果图

18.4.2 菜单

下拉式菜单也是从 AbstractButton 类继承而来的，而弹出式菜单继承于 JComponent 类。在使用下拉式菜单时，必须为容器设置菜单条，然后把菜单添加到菜单条上，把菜单项添加到菜单上。在使用弹出式菜单时，必须结合鼠标事件显示，可以把菜单项添加到弹出式菜单上。菜单的继承关系如图 18.23 所示。

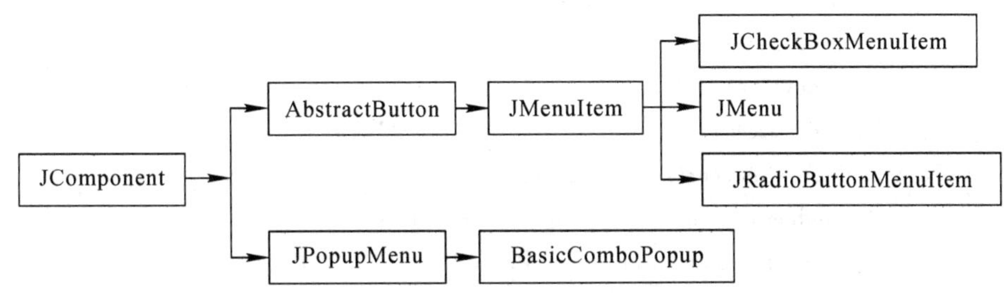

图 18.23 菜单的继承关系图

下面程序展示了下拉式菜单和弹出式菜单的使用方法：

```
//MenuDemo.java
import javax.swing.*;
import java.awt.event.*;
import jin.util.GUIShow;
public class MenuDemo extends JFrame {
    JMenuBar bar;
    JMenu file, edit;
    JMenuItem open, close, copy, paste, red, blue, green;
    JPopupMenu pop;
    MenuDemo(){
        bar=new JMenuBar();
        file=new JMenu("文件");
        edit=new JMenu("编辑");
        open=new JMenuItem("打开");

    open.setAccelerator(KeyStroke.getKeyStroke(KeyEvent.VK_O,
                    ActionEvent.CTRL_MASK)); //添加组合键
        close=new JMenuItem("退出");
        close.setMnemonic(KeyEvent.VK_E); //添加快捷键
        copy=new JCheckBoxMenuItem("赋值");
        paste=new JRadioButtonMenuItem("粘贴");
        file.add(open);
        file.addSeparator();
        file.add(close);
        edit.add(copy);
        edit.add(paste);
        bar.add(file);
```

```
            bar.add(edit);
            setJMenuBar(bar);
            //添加弹出式菜单
            pop=new JPopupMenu();
            red=new JMenuItem("红色");
            blue=new JMenuItem("蓝色");
            green=new JMenuItem("绿色");
            pop.add(red);
            pop.add(blue);
            pop.add(green);
            addMouseListener(new MouseAdapter(){
                public void mousePressed(MouseEvent e){
                    if (e.getButton()==MouseEvent.BUTTON3){
                        System.out.println(e.getX());
                        pop.show(e.getComponent(), e.getX(), e.getY());
                    }
                }
            });
        }
        public static void main(String[] args) {
            GUIShow.show(new MenuDemo(), 300, 200);
        }
    }
```

运行结果如图 18.24 所示。

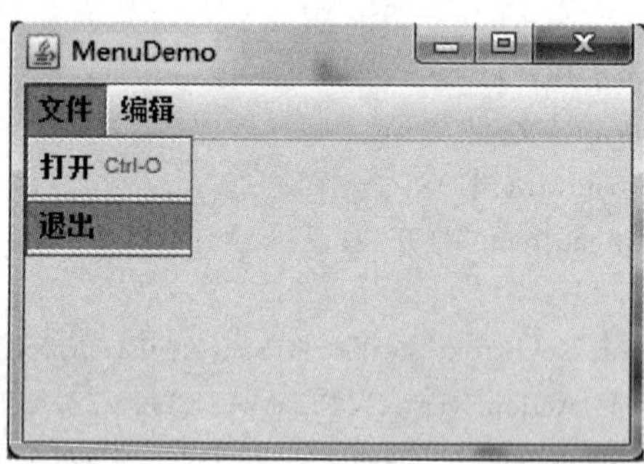

图 18.24　MenuDemo.java 的运行结果图

18.4.3　标签和文本编辑组件

JLabel(标签)用于显示文本或图像。可以通过设置垂直和水平对齐的方式，指定标签显示区中标签内容在何处对齐。默认情况下，只显示文本的标签是开始边对齐，而只显示图像的标签是水平居中对齐。

JTextComponent(文本编辑组件)有三个直接子类：JEditorPane、JTextArea 和 JTextField。JLabel、JTextComponent 及其子类的继承关系如图 18.25 所示。

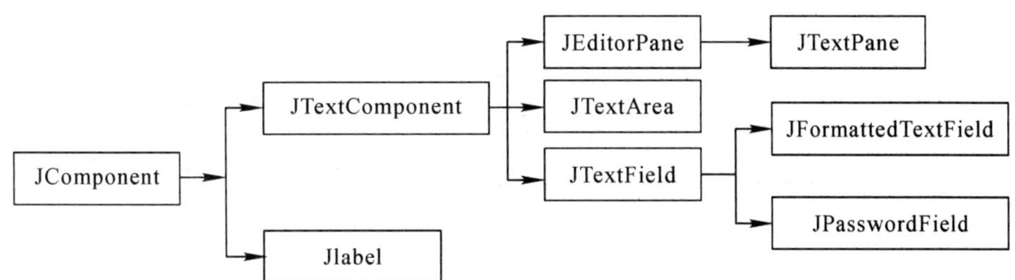

图 18.25 JLabel、JTextComponent 及其子类的继承关系图

下面程序展示了标签和文本编辑组件的用法：

```
//LabelAndTextDemo.java
import jin.util.GUIShow;
import javax.swing.*;
import java.awt.*;
import java.util.*;
public class LabelAndTextDemo extends JFrame {
    JLabel labelOne, labelTwo, labelThree, labelFour, labelFive;
    JTextArea tArea;
    JTextField tField;
    JPasswordField pField;
    JFormattedTextField ftField;
    JScrollPane scrollPane;
    JPanel panel;
    LabelAndTextDemo(){
        setLayout(new FlowLayout(FlowLayout.LEFT));
        labelOne=new JLabel("用户名：");
        labelTwo=new JLabel("密码：      ");
        labelThree=new JLabel("时间：      ");
        labelFour=new JLabel("文本区：");
        tField=new JTextField(12);
        pField=new JPasswordField(12);
        ftField=new JFormattedTextField();
        ftField.setValue(new Date());
        tArea=new JTextArea(10, 10);
        scrollPane=new JScrollPane(tArea);
        panel=new JPanel();
        add(labelOne);
        add(tField);
        add(labelTwo);
        add(pField);
        add(labelThree);
        add(ftField);
        panel.add(labelFour);
```

```
            panel.add(scrollPane);
            add(panel);
        }
        public static void main(String[] args) {
            GUIShow.show(new LabelAndTextDemo(), 220, 300);
        }
    }
```

运行结果如图 18.26 所示。

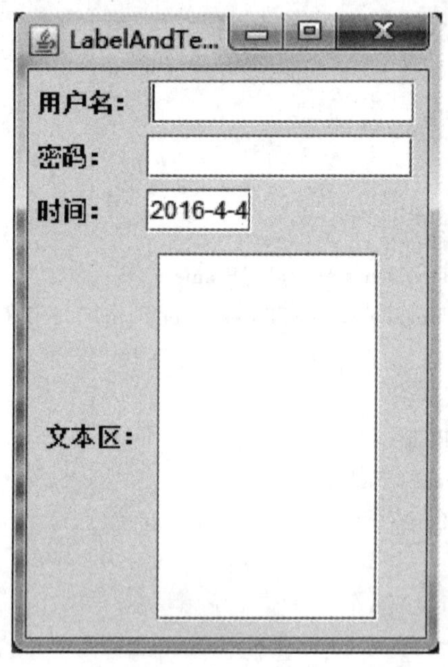

图 18.26　LabelAndTextDemo.java 的运行结果图

18.4.4　组合框和列表框

用户可以从 JComboBox(组合框，也称下拉列表)中列出的一组元素中选择一个，而且只能选择一个。而 JList(列表框)与组合框完全不同，可以进行多重选择，并且其在屏幕上可以占据固定行数的空间。JList 不实现直接滚动。要创建一个滚动的列表，需将它添加到 JScrollPane 中。下面程序展示了组合框和列表框的用法：

```
//ComboBoxAndListDemo.java
import jin.util.GUIShow;
import javax.swing.*;
import java.awt.*;
public class ComboBoxAndListDemo extends JFrame {
    JComboBox comboBox;
    JList list;
    String[] fonts={"Times New Roman", "华文隶书", "宋体", "黑体",
                    "隶书", "仿宋", "楷体"};
    String[] interest={"篮球", "足球", "羽毛球", "乒乓球", "橄榄球",
```

```
                    "跑步", "爬山", "太极拳", "游泳"};
    JLabel labelOne, labelTwo;
    JScrollPane scrollPane;
    ComboBoxAndListDemo(){
        setLayout(new FlowLayout());
        labelOne=new JLabel("请选择字体：");
        labelTwo=new JLabel("请选择兴趣：");
        add(labelOne);
        comboBox=new JComboBox(fonts);
        add(comboBox);
        add(labelTwo);
        list=new JList(interest);
        list.setVisibleRowCount(4);
        scrollPane=new JScrollPane(list);
        add(scrollPane);
    }
    public static void main(String[] args) {
        GUIShow.show(new ComboBoxAndListDemo(), 300, 300);
    }
}
```

运行结果如图 18.27 所示。

图 18.27　ComboBoxAndListDemo.java 的运行结果图

18.4.5　滑块和进度条

通过 JSlider(滑块)的前后移动来控制数据的输入有时能使某种操作更直观，如音量的控制。JProgressBar(进度条)能够动态的显示数据的状态。下面程序展示了滑块和进度条的用法：

```
//SliderAndProgressDemo.java
import jin.util.GUIShow;
import javax.swing.*;
import javax.swing.border.*;
import javax.swing.event.*;
```

```
import java.awt.*;
public class SliderAndProgressDemo extends JFrame {
    JProgressBar progressBar;
    ProgressMonitor pm;
    JSlider slider;
    SliderAndProgressDemo(){
        progressBar=new JProgressBar();
        pm=new ProgressMonitor(this, "Moniting Progress", "Test", 0, 100);
        slider=new JSlider(JSlider.HORIZONTAL, 0, 100, 50);
        setLayout(new GridLayout(2, 1));
        add(progressBar);
        pm.setProgress(0);
        pm.setMillisToPopup(1000);
        slider.setValue(0);
        slider.setPaintTicks(true);
        slider.setMajorTickSpacing(20);
        slider.setMinorTickSpacing(5);
        slider.setBorder(new TitledBorder("slide me"));
        progressBar.setModel(slider.getModel());
        add(slider);
        slider.addChangeListener(new ChangeListener(){
            public void stateChanged(ChangeEvent e){
                pm.setProgress(slider.getValue());
            }
        });
    }
    public static void main(String[] args) {
        GUIShow.show(new SliderAndProgressDemo(), 400, 180);
    }
}
```

运行结果如图 18.28 所示。

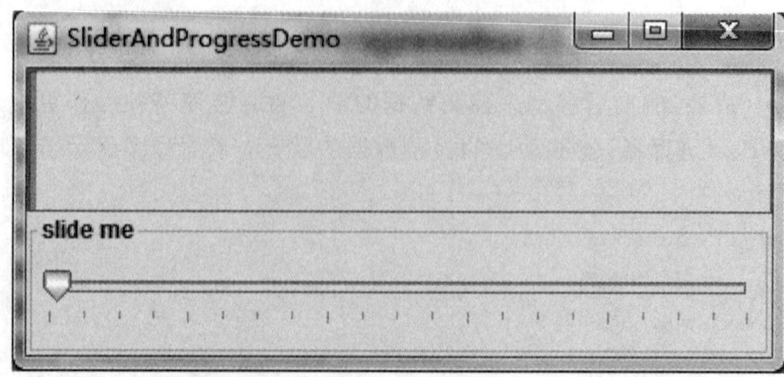

图 18.28 SliderAndProgressDemo.java 的运行结果图

18.4.6 选择框

JFileChooser(文件对话框)支持打开和保存文件，使文件操作更方便，但要真正打开和保存文件，还要结合 I/O 操作。

JColorChooser(颜色选择对话框)是 Java 中已经定义好的颜色选择器，通过它可以很方便的得到各种颜色。下面程序展示了 JFileChooser 和 JColorChooser 的用法：

```
//FileAndColorDemo.java
import javax.swing.*;
import javax.swing.filechooser.*;
import java.awt.*;
import java.awt.event.*;
import jin.util.GUIShow;
public class FileAndColorDemo extends JFrame {
    JButton save, open, color;
    JFileChooser fileChooser;
    FileNameExtensionFilter filter;
    Color frameColor;
    JPanel panel;
    FileAndColorDemo(){
        filter=new FileNameExtensionFilter(
            "JPG & GIF Images", "jpg", "gif");
        save=new JButton("保存");
        fileChooser=new JFileChooser();
        panel=new JPanel();
        save.addActionListener(new ActionListener(){
            public void actionPerformed(ActionEvent e){
                fileChooser.showSaveDialog(panel);
            }
        });
        open=new JButton("打开");
        open.addActionListener(new ActionListener(){
            public void actionPerformed(ActionEvent e){
                fileChooser.setFileFilter(filter);
                fileChooser.showOpenDialog(panel);
            }
        });
        color=new JButton("选择颜色");
        color.addActionListener(new ActionListener(){
            public void actionPerformed(ActionEvent e){
        frameColor=JColorChooser.showDialog(panel, "请选择颜色", Color.red);
            panel.setBackground(frameColor);
```

```
            }
        });
            panel.add(save);
            panel.add(open);
            panel.add(color);
            add(panel);
        }
        public static void main(String[] args) {
            GUIShow.show(new FileAndColorDemo(), 400, 180);
        }
    }
```

运行结果如图 18.29 所示。

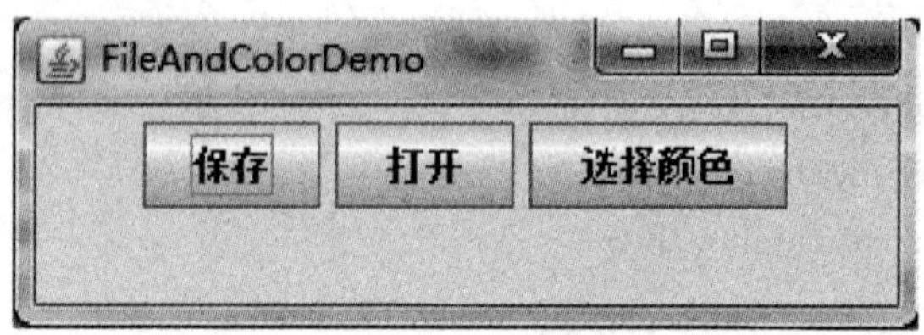

图 18.29 FileAndColrDemo.java 的运行结果图

18.4.7 表格和树

JTable(表格)是 Swing 中新增加的组件，主要是为了将数据以表格的形式显示和编辑，给大块数据的显示提供了简单的机制。JTable 本身不拥有或者缓存数据，它只是数据的视图。下面程序是一个 JTable 的简单示例：

```
//JTableDemo.java
import jin.util.GUIShow;
import javax.swing.*;
import java.awt.*;
public class JTableDemo extends JFrame {
    String[] columnNames={"姓名","性别","班级","家庭住址"};
    String[][] data={{"张三","男","2011 级","山东省"},{"李四","女",
                    "2013 级","河南省"},{"王五","男","2000 级","贵州省"}};
    JScrollPane scrollPane;
    JTable table;
    JTableDemo(){
        setLayout(new FlowLayout());
        table=new JTable(data, columnNames);
        scrollPane=new JScrollPane(table);
        add(scrollPane);
    }
    public static void main(String[] args) {
```

```
        GUIShow.show(new JTableDemo(), 500, 500);
    }
}
```

JTree(树)可以显示等级体系的数据。一个 JTree 对象并没有包含实际的数据，它只是提供了数据的视图，通过查询其数据模型可获得数据。

树中显示的每一行包含一项数据，称之为节点(node)。节点可以分为三种类型：根节点、分支节点(branch nodes)和叶子节点(leaf nodes)。每棵树有一个根节点(root node)，其他节点都是它的子孙。拥有孩子的节点称为分支节点，没有孩子的节点称为叶子节点。默认情况下，树只显示根节点，但可以改变显示方式。

分支节点可以有任意多个孩子，可以通过点击实现展开或者折叠分支节点，使得他们的孩子可见或者不可见，除了根节点以外的所有分支节点默认呈现折叠状态。

下面程序是一个 JTree 的简单示例：

```
//JTreeDemo.java
import java.awt.*;
import jin.util.GUIShow;
import javax.swing.*;
import javax.swing.event.*;
import javax.swing.tree.*;
public class JTreeDemo extends JFrame {
    JScrollPane sPaneNorth, sPaneSouth;
    JTextArea area;
    DefaultMutableTreeNode top, note, sub1, sub2, sub3, sub4, sub5, sub6,
    sub11, sub12, sub21, sub22, sub31, sub32, sub41, sub42, sub51, sub52, sub61,
    sub62;
    JTree tree;
    JTreeDemo(){
        setLayout(new FlowLayout());
        top=new DefaultMutableTreeNode("电器信息类");
        sub1=new DefaultMutableTreeNode("计算机科学与技术");
        sub2=new DefaultMutableTreeNode("软件工程");
        sub3=new DefaultMutableTreeNode("电子信息工程");
        sub4=new DefaultMutableTreeNode("通信工程");
        sub5=new DefaultMutableTreeNode("网络工程");
        sub6=new DefaultMutableTreeNode("物联网工程");
        sub11=new DefaultMutableTreeNode("嵌入式方向");
        sub12=new DefaultMutableTreeNode("数字多媒体方向");
        sub21=new DefaultMutableTreeNode("Android 方向");
        sub22=new DefaultMutableTreeNode("iOS 方向");
        sub31=new DefaultMutableTreeNode("电路设计方向");
        sub32=new DefaultMutableTreeNode("信号与系统方向");
        sub41=new DefaultMutableTreeNode("卫星通信方向");
```

```
        sub42=new DefaultMutableTreeNode("微波通信方向");
        sub51=new DefaultMutableTreeNode("电子商务方向");
        sub52=new DefaultMutableTreeNode("网站编辑方向");
        sub61=new DefaultMutableTreeNode("智能家居方向");
        sub62=new DefaultMutableTreeNode("智能物流方向");
        top.add(sub1);
        top.add(sub2);
        top.add(sub3);
        top.add(sub4);
        top.add(sub5);
        top.add(sub6);
        sub1.add(sub11);
        sub1.add(sub12);
        sub2.add(sub21);
        sub2.add(sub22);
        sub3.add(sub31);
        sub3.add(sub32);
        sub4.add(sub41);
        sub4.add(sub42);
        sub5.add(sub51);
        sub5.add(sub52);
        sub6.add(sub61);
        sub6.add(sub62);
        tree=new JTree(top);
        tree.addTreeSelectionListener(new TreeSelectionListener(){
            public void valueChanged(TreeSelectionEvent e) {
note=(DefaultMutableTreeNode) tree.getLastSelectedPathComponent();
                String name=note.toString();
                area.append(name+"\n");
            }
        });
        sPaneNorth=new JScrollPane(tree);
        area=new JTextArea(20, 10);
        sPaneSouth=new JScrollPane(area);
        add(sPaneNorth);
        add(sPaneSouth);
    }
    public static void main(String[] args) {
        GUIShow.show(new JTreeDemo(), 400, 500);
    }
}
```

运行结果如图 18.30 所示。

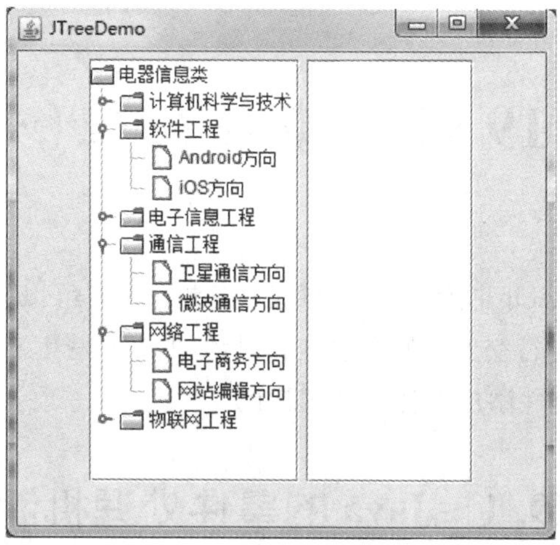

图 18.30　JTreeDemo.java 的运行结果图

18.5　本讲小结

本讲首先讲述了 Swing 的基础知识，然后对容器、布局管理进行了介绍，最后讲述了几种常用的组件。

课后练习

1. 编写程序：实现如图 18.31 所示的界面。

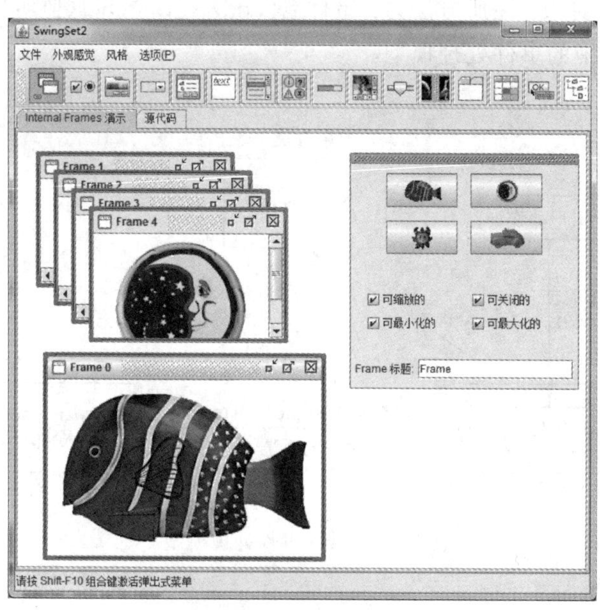

图 18.31　需实现的界面

第 19 讲　事件处理(一)

上一讲详细讲述了 Swing 控件的相关知识，至此，我们可以创建漂亮的 GUI 界面了，但这些 GUI 不能与用户进行交互，如点击按钮什么都不会发生。要想使 GUI 与用户进行交互，必须为 GUI 中的组件添加事件处理的代码。

19.1　Java 的事件处理机制

要理解 Java 中的事件处理机制，必须先了解几个概念。

(1) 事件：事件类创建的对象，使用鼠标、键盘等操作 GUI 组件时，由 GUI 组件产生。事件类的命名方式为 XxxEvent。

(2) 事件源：能够产生事件的 GUI 组件，如按钮、文本组件、窗体等。

(3) 监听器接口：某种特定的接口，对于每种类型的事件都对应一个监听器接口，命名方式为 XxxLitener。

(4) 监听器对象：由实现了某种监听器接口的类所创建的对象，能够监听 GUI 组件。如果被某监听者对象所监听的组件产生了事件，那么此监听者就捕获并处理这个事件。

(5) 注册监听器对象：监听器对象要想监听某个 GUI 组件，必须在两者之间建立联系，即为组件注册监听器对象。注册方法为：组件名.addXxxListener(监听器对象)。

图 19.1 为 Java 中的事件处理模型。

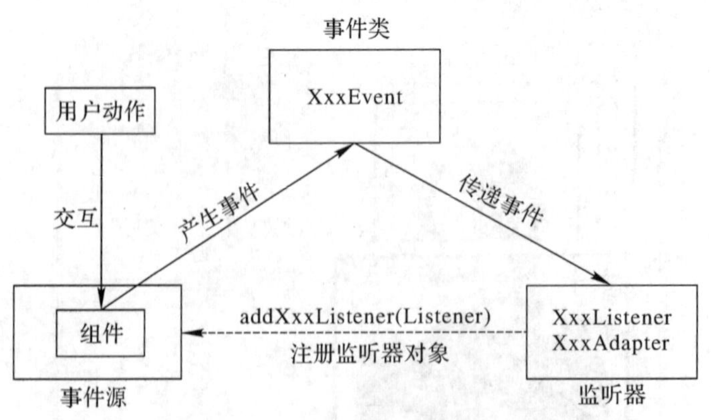

图 19.1　Java 事件处理模型

表 19.1 所示为 Java 中常用的事件类、监听器接口、监听器接口中的方法列表。

表 19.1　Java 中常用的事件类、监听器、监听器中的方法列表

事件类	监听器接口/适配器类	方　法	说　明
ActionEvent	监听器接口：ActionListener	注册监听器对象的方法：addActionListener()	
		监听器接口中的方法：actionPerformed()	单击各种按钮，选择菜单项，文本框中按回车
AdiustmentEvent	监听器接口：AdjustmentListener	注册监听器对象的方法：addAdjustmentListener()	
		监听器接口中的方法：adjustmentValueChanged()	改变滚动条位置
ChangeEvent	ChangeListener	注册监听器对象的方法：addChangeListener()	
		监听器接口中的方法：stateChanged()	进度条改变进度 滑动滑块
ItemEvent	监听器接口：ItemListener	注册监听器对象的方法：addItemListener()	
		监听器接口中的方法：itemStateChanged()	选择各种按钮，选择选项框，单击下拉列表中的选项，选中带复选框菜单
ListSelectionEvent	监听器接口：ListSelectionListener	注册监听器对象的方法：addListSelectionListener()	
		监听器接口中的方法：valueChanged()	点击列表框中的选项
TextEvent	监听器接口：TextListener	注册监听器对象的方法：addTextListener()	
		监听器接口中的方法：textValueChanged	修改 AWT 文本框的内容，修改 AWT 文本区的内容
FocusEvent	监听器接口：FocusListener 适配器类：FocusAdapter	注册监听器对象的方法：addFocusListener()	
		监听器接口中的方法：	
		focusGained()	组件获得焦点
		focusLost()	组件失去焦点

续表

事件类	监听器接口/适配器类	方 法	说 明
WindowEvent	监听器接口：WindowListener 适配器类：WindowAdapter	注册监听器对象的方法：addWindowListener()	
		监听器接口中的方法：	
		windowOpened()	打开窗口
		windowClosing()	关闭窗口时
		windowClosed()	关闭窗口后
		windowIconified()	窗口最小化
		windowDeiconified()	窗口最大化
		windowActivated()	窗口被激活
		windowDeactivated()	窗口失去焦点
MouseEvent	监听器接口：MouseListener 适配器类：MouseAdapter	注册监听器对象的方法：addMouseListener()	
		监听器接口中的方法：	
		mouseClicked()	单击鼠标
		mousePressed()	按下鼠标
		mouseReleased()	松开鼠标
		mouseEntered()	鼠标进入组件区域
		mouseExited()	鼠标离开组件区域时
MouseMotionEvent	监听器接口：MouseMotionListener 适配器类：MouseMotionAdapter	注册监听器对象的方法：addMouseMotionListener()	
		监听器接口中的方法：	
		mouseDragged()	鼠标拖放
		mouseMoved()	鼠标移动
KeyEvent	监听器接口：KeyListener 适配器类：KeyAdapter	注册监听器对象的方法：addKeyListener()	
		监听器接口中的方法：	
		keyTyped()	单击按键
		keyPressed()	键被按下
		keyReleased()	键被释放

19.2 动作事件

在进行下面的操作时，相应组件会产生动作事件(ActionEvent)：

(1) 单击按钮。

(2) 选择菜单项。

(3) 文本框中按回车键。

(4) 双击列表中选项。

与 ActionEvent 相对应的监听器接口是 ActionListener，为组件注册监听器对象的方法是 addActionListener(Listener)。不是所有对象都有资格作为监听器对象，只有实现了ActionListener接口的类创建的对象才能监听组件上的动作事件。ActionListener 接口中定义了 actionPerformed(ActionEvent e)方法，用于接收 ActionEvent 事件。

实现监听器接口的方法有三种：

1. 外部类实现监听器接口

一个类实现某个接口必须实现这个接口中的所有抽象方法，外部类实现 ActionListener 接口时，必须实现此接口中的 actionPerformed(ActionEvent e)方法。这时当前对象 this 就可以监听组件了。下面的程序展示了这种用法：

```
//ActionEventDemoOne.java
import javax.swing.*;
import java.awt.event.*;
import java.awt.*;
import jin.util.GUIShow;
public class ActionEventDemoOne extends JFrame implements ActionListener {
    JButton button1, button2;
    JPanel panel;
    ActionEventDemoOne(){
        button1=new JButton("红色");
        button1.addActionListener(this);
        button2=new JButton("蓝色");
        button2.addActionListener(this);
        panel=new JPanel();
        panel.add(button1);
        panel.add(button2);
        add(panel);
    }
    public void actionPerformed(ActionEvent e){
        String name=e.getActionCommand();
        if (name=="红色"){
            panel.setBackground(Color.red);
        }else if(name=="蓝色"){
```

```
            panel.setBackground(Color.blue);
        }
    }
    public static void main(String[] args) {
        GUIShow.show(new ActionEventDemoOne(), 400, 400);
    }
}
```

运行结果如图 19.2 所示。

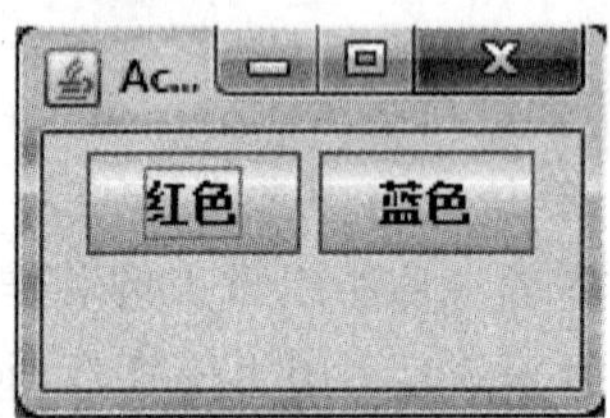

图 19.2　ActionEventDemoone.java 的运行结果图

2. 内部类实现监听器接口

也可以定义一个内部类来实现 ActionListener 接口，使用内部类创建的对象来监视组件。下面的程序展示了这种用法：

```
//ActionEventDemoTwo.java
import java.awt.*;
import java.awt.event.*;
import javax.swing.*;
import jin.util.GUIShow;
public class ActionEventDemoTwo extends JFrame {
    JButton button1, button2;
    JPanel panel;
    InnerClass innerListener;
    ActionEventDemoTwo(){
        innerListener=new InnerClass();
        button1=new JButton("红色");
        button1.addActionListener(innerListener);
        button2=new JButton("蓝色");
        button2.addActionListener(innerListener);
        panel=new JPanel();
        panel.add(button1);
        panel.add(button2);
        add(panel);
    }
    class InnerClass implements ActionListener{
        public void actionPerformed(ActionEvent e){
            String name=e.getActionCommand();
            if (name=="红色"){
```

```
                panel. setBackground(Color. red);
            }else if(name==" 蓝色"){
                panel. setBackground(Color. blue);
            }
        }
    }
    public static void main(String[] args) {
        GUIShow. show(new ActionEventDemoTwo(), 400, 400);
    }
}
```

3. 匿名内部类实现监听器接口

事件监听最常用的方法是使用匿名内部类的对象作为监听器对象来监听组件，这时匿名内部类必须实现监听器接口。下面的程序展示了这种用法：

```
//ActionEventDemoThree. java
import javax. swing. * ;
import jin. util. GUIShow;
import java. awt. event. * ;
import java. awt. * ;
public class ActionEventDemoThree extends JFrame {
    JButton button1, button2;
    JPanel panel;
    ActionEventDemoThree(){
        button1=new JButton("红色");
        button1. addActionListener(new ActionListener(){
            public void actionPerformed(ActionEvent e){
                panel. setBackground(Color. red);
            }
        });
        button2=new JButton("蓝色");
        button2. addActionListener(new ActionListener(){
            public void actionPerformed(ActionEvent e){
        panel. setBackground(Color. blue);
    }
    });
        panel=new JPanel();
        panel. add(button1);
        panel. add(button2);
        add(panel);
    }
    public static void main(String[] args) {
        GUIShow. show(new ActionEventDemoThree(), 400, 400);
    }
}
```

19.3 调整事件和改变事件

用鼠标拖动滚动条上的滑块或点击滚动条两端的按钮时，滚动条会产生 AdjustmentEvent 事件。与 AdjustmentEvent 事件所对应的监听器接口为 AdjustmentListener，此接口中的 adjustmentValueChanged(AdjustmentEvent e)方法可以接收 AdjustmentEvent 事件。为组件注册 AdjustmentEvent 事件监听器的方法为 addAdjustmentListener(Listener)。

进度条或滑块会产生 ChangeEvent 事件，而与 ChangeEvent 事件所对应的监听器接口为 ChangeListener，接口中的 stateChanged(ChangeEvent e)方法可以接收 ChangeEvent 事件。为组件注册 ChangeEvent 事件的方法为 addChangeListener(Listener)。

使用 getActionCommand()方法可以获得产生动作事件的组件上标签的名字，而使用事件对象调用 getSource()方法可以获得事件源对象，只不过得到的这个对象是 Object 类型的对象，使用时必须进行向下转型。

下面的程序展示了如何捕获并处理这两种事件：

```
//AdjustmentChangeEventDemo.java
import javax.swing.*;
import javax.swing.event.*;
import java.awt.*;
import java.awt.event.*;
import jin.util.GUIShow;
public class AdjustmentChangeEventDemo extends JFrame {
    JScrollBar scrollBar;
    JSlider slider;
    JPanel panel;
    JScrollPane scrollPane;
    JTextArea area;
    AdjustmentChangeEventDemo(){
        setLayout(new FlowLayout());
        area=new JTextArea(10, 20);
        panel=new JPanel();
        scrollPane=new JScrollPane(area);
        slider=new JSlider(JSlider.HORIZONTAL, 0, 100, 0);
        slider.addChangeListener(new ChangeListener(){
            public void stateChanged(ChangeEvent e){
                JSlider s=(JSlider)e.getSource();
                area.append("滑块的当前值为："+s.getValue()+"\n");
            }
        });
        scrollBar=new JScrollBar(JScrollBar.HORIZONTAL, 0, 10, 0, 100);
        scrollBar.addAdjustmentListener(new AdjustmentListener(){
            public void adjustmentValueChanged(AdjustmentEvent e){
```

```
                JScrollBar s=(JScrollBar)e.getSource();
                area.append("进度条的当前值为"+s.getValue()+"\n");
            }
        });
        panel.add(scrollBar);
        panel.add(slider);
        add(panel);
        add(scrollPane);
    }
    public static void main(String[] args) {
        GUIShow.show(new AdjustmentChangeEventDemo(), 400, 400);
    }
}
```

运行结果如图 19.3 所示。

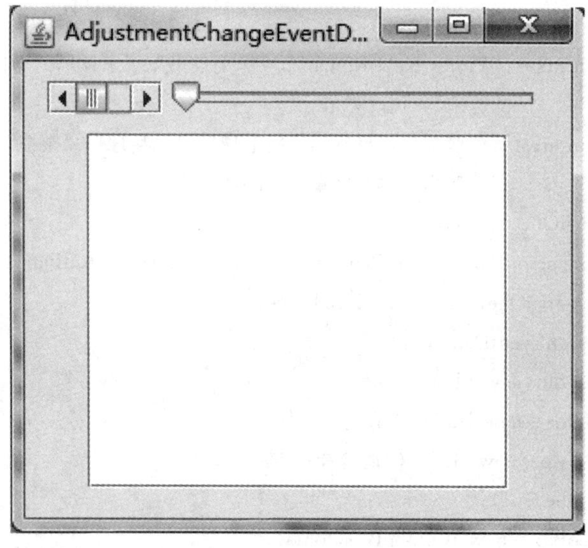

图 19.3　AdjustmentChangeEventDemo.java 的运行结果图

19.4　选择事件

当选择各种按钮、选项框、带复选框菜单项，单击组合框中选项等操作时会产生 ItemEvent事件(当然也会产生 ActionEvent 事件)，与 ItemEvent 事件所对应的监听器接口为 ItemListener，接口中的 itemStateChanged(ItemEvent e)方法可以接收 ItemEvent 事件。为组件注册 ItemEvent 事件监听器对象的方法为 addItemListener(Listener)。

ItemEvent 类中的常用方法有：

(1) Object getItem()。返回受事件影响的项。

(2) ItemSelectable getItemSelectable()。返回事件的产生程序。

(3) int getStateChange()。返回状态更改的类型(已选定或已取消选定)。

(4) String paramString()L 返回标识此项事件的参数字符串。

点击列表框中的选项时会产生 ListSelectionEvent 事件，与此事件相对应的监听器接口为 ListSelectionListener，接口中的 valueChanged(ListSelectionEvent e)方法可以接收 ListSelectionEvent 事件。为 JList 对象注册 ListSelectionEvent 事件监听器对象的方法为 addListSelectionListener(Listener)。

下面程序展示了 ItemSeletionEvent 事件的处理方法：

```
//ItemSelectionEventDemo.java
import java.awt.*;
import javax.swing.*;
import javax.swing.event.*;
import java.awt.event.*;
import jin.util.GUIShow;
public class ItemSelectionEventDemo extends JFrame {
    JComboBox comboBox;
    JList list;
    String[] fonts={"Times New Roman","华文隶书","宋体","黑体","隶书",
                    "仿宋","楷体"};
    String[] interest={"篮球","足球","羽毛球","乒乓球","橄榄球","跑步",
                       "爬山","太极拳","游泳"};
    JLabel labelOne, labelTwo;
    JScrollPane scrollPane, scrollPaneOne, scrollPaneTwo, scrollPaneThree;
    JTextArea areaOne, areaTwo, areaThree;
    ItemSelectionEventDemo(){
        setLayout(new FlowLayout());
        labelOne=new JLabel("请选择字体：");
        labelTwo=new JLabel("请选择兴趣：");
        add(labelOne);
        comboBox=new JComboBox(fonts);
        comboBox.addItemListener(new ItemListener(){
            public void itemStateChanged(ItemEvent e){
                String item=e.getItem().toString();
                int stateChange=e.getStateChange();
                if (stateChange==ItemEvent.SELECTED) {
                areaOne.append("您选中了"+item+"\n");
                }else if (stateChange==ItemEvent.DESELECTED) {
                areaOne.append("您取消选了"+item+"\n");
                }else {
                    areaOne.append("此次事件由其他原因触发！\n");
                }
            }
        });
```

```
        comboBox.addActionListener(new ActionListener(){
            public void actionPerformed(ActionEvent e){
                JComboBox j=(JComboBox)e.getSource();
                areaTwo.append("您选择了："+j.getSelectedItem()+"\n");
            }
        });
        add(comboBox);
        add(labelTwo);
        list=new JList(interest);
        list.addListSelectionListener(new ListSelectionListener(){
            public void valueChanged(ListSelectionEvent e){
                if(e.getValueIsAdjusting())return;
                for (Object item: list.getSelectedValuesList())
                areaThree.append(item+"\n");
            }
        });
        list.setVisibleRowCount(4);
        scrollPane=new JScrollPane(list);
        areaOne=new JTextArea(5, 5);
        scrollPaneOne=new JScrollPane(areaOne);
        areaTwo=new JTextArea(5, 5);
        scrollPaneTwo=new JScrollPane(areaTwo);
        areaThree=new JTextArea(5, 5);
        scrollPaneThree=new JScrollPane(areaThree);
        add(scrollPane);
        add(scrollPaneOne);
        add(scrollPaneTwo);
        add(scrollPaneThree);
    }
    public static void main(String[] args) {
        GUIShow.show(new ItemSelectionEventDemo(), 1100, 230);
    }
}
```

运行结果如图 19.4 所示。

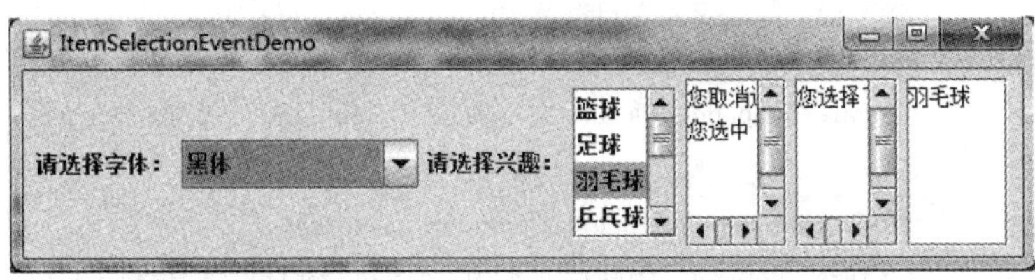

图 19.4　ItemSelectionEventDemo.java 的运行结果图

19.5 文本事件

修改 AWT 组件库中文本区或文本框的内容时会产生 TextEvent 事件，与之对应的监听器接口为 TextListener，该接口中的 textValueChanged(TextEvent e)方法可以接收 TextEvent 事件。为组件注册监听器对象的方法为 addTextListener(Listener)。

Swing 组件库中的文本区和文本框并没有设置 TextListener，而是将对文本的监视任务放入了另外一个接口 Document 中。因此首先要为 JTextField 对象申请一个 Document 接口对象，使用的方法是 field. getDocument()(本文给出的 JTextField 对象名为 field)。获得 Document 后，就可以使用 addDocumentListener(Listener)来得到一个和 TextListener 功能类似的监听接口了。

java. swing. event. DocumentListener 的定义，其中包含了三个方法。

(1) public void changedUpdate(DocumentEvent e)：监听文本属性的变化。

(2) public void insertUpdate(DocumentEvent e)：监听文本内容的插入事件。

(3) public void removeUpdate(DocumentEvent e)：监听文本内容的删除事件。

下面程序展示了 DocumentEvent 事件的处理方法：

```
//Document EventDemo. java
import javax. swing. * ;
import javax. swing. event. * ;
import javax. swing. text. * ;
import java. awt. * ;
import jin. util. GUIShow;
public class DocumentEventDemo extends JFrame {
    JTextField field;
    JTextArea area;
    JScrollPane scrollPane;
    DocumentEventDemo(){
        setLayout(new FlowLayout());
        field=new JTextField(20);
        area=new JTextArea(15, 20);
        field. getDocument(). addDocumentListener(new DocumentListener(){
            public void changedUpdate(DocumentEvent e){
                area. append("文本属性改变了"+"\n");
            }
            public void insertUpdate(DocumentEvent e){
                area. append("插入后文本为："+field. getText()+"\n");
            }
            public void removeUpdate(DocumentEvent e){
                area. append("删除后文本为"+field. getText()+"\n");
            }
```

```
        });
        scrollPane=new JScrollPane(area);
        add(field);
        add(scrollPane);
    }
    public static void main(String[] args) {
        GUIShow.show(new DocumentEventDemo(), 250, 350);
    }
}
```

运行结果如图 19.5 所示。

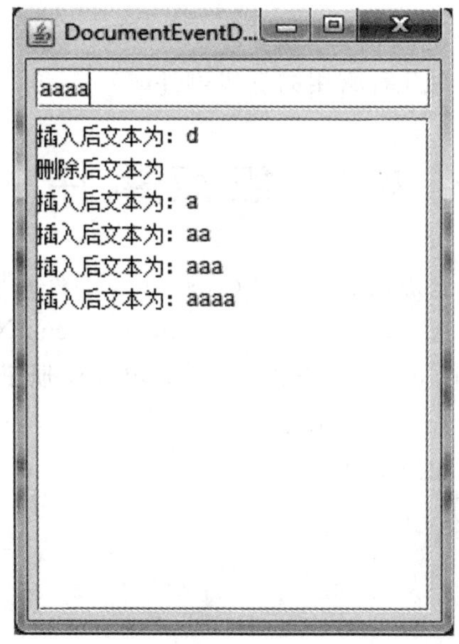

图 19.5　DocumentEventDemo.java 的运行结果图

19.6　本讲小结

在本讲中首先介绍了 Java 中的事件处理机制，而后介绍了动作事件、调整事件、改变事件、选项事件和文本事件，并给出了示例代码。

课后练习

1. 简述 Java 中的事件处理机制。
2. 编写程序：实现 Windows 系统附件中的计算器。

第 20 讲　事件处理(二)

AWT 提供了两种概念性事件类型：低级事件和语义事件。语义事件是在较高层次定义的，用于封装用户接口组件模型的语义，包括 ActionEvent、AdjustmentEvent、ItemEvent 和 TextEvent等；而低级事件代表屏幕上可视化组件的低级输入或窗口系统事件，包括 ComponentEvent、FocusEvent、InputEvent、MouseEvent、KeyEvent、ContainerEvent 和 WindowEvent 等。本讲将介绍几种常用的低级事件。

20.1　焦点事件

当组件得到焦点或失去焦点时会产生 FocusEvent 事件，与此事件相对应的监听器接口为 FocusEventListener，接口中的 focusGained（FocusEvent e）方法和 focusLost（FocusEvent e)方法可以接收 FocusEvent 事件。为组件注册 FocusEvent 事件监听器对象的方法为 addFocusEventListener（Listener)。

下面的程序展示了 FocusEvent 事件的用法：

```
//FocusEventDemo. java
import javax. swing. * ;
import java. awt. * ;
import java. awt. event. * ;
import jin. util. GUIShow;
import ch14. DocumentEventDemo;
public class FocusEventDemo extends JFrame {
    JButton buttonOne, buttonTwo;
    JTextArea areaOne, areaTwo;
    JScrollPane scrollPaneOne, scrollPaneTwo;
    FocusEventDemo(){
        setLayout(new FlowLayout());
        buttonOne=new JButton("第一个按钮");
        buttonTwo=new JButton("第二个按钮");
        buttonOne. addFocusListener(new FocusListener(){
            public void focusGained(FocusEvent e){
                areaOne. append("第一个按钮获得了焦点\n");
            }
            public void focusLost(FocusEvent e){
                areaTwo. append("第一个按钮获失去了焦点\n");
```

```
                }
            });
            buttonTwo.addFocusListener(new FocusListener(){
                public void focusGained(FocusEvent e){
                    areaOne.append("第二个按钮获得了焦点\n");
                }
                public void focusLost(FocusEvent e){
                    areaTwo.append("第二个按钮获失去了焦点\n");
                }
            });
            areaOne=new JTextArea(15, 15);
            scrollPaneOne=new JScrollPane(areaOne);
            areaTwo=new JTextArea(15, 15);
            scrollPaneTwo=new JScrollPane(areaTwo);
            add(buttonOne);
            add(buttonTwo);
            add(scrollPaneOne);
            add(scrollPaneTwo);
        }
        public static void main(String[] args) {
            GUIShow.show(new FocusEventDemo(), 380, 350);
        }
    }
```

运行结果如图 20.1 所示。

图 20.1　FocusEventDemo.java 的运行结果图

20.2 窗口事件

当对窗口进行如下操作时，可产生 WindowEvent 事件：打开窗口；关闭窗口时；关闭窗口后；窗口最小化；窗口最大化；窗口被激活；窗口失去焦点。

为窗口注册 WindowEvent 事件监听器对象的方法是 addWindowListener (Listener)。与 WindowEvent 事件所对应的监听器接口是 WindowListener，此接口中包含七个方法，对应窗口的七种操作。

(1) public void windowActivated(WindowEvent e)：将窗口设置为活动窗口时调用。

(2) public void windowClosed(WindowEvent e)：调用 dispose()方法将窗口关闭时调用。

(3) public void windowClosing(WindowEvent e)：用户试图从窗口的系统菜单中关闭窗口时调用。

(4) public void windowDeactivated(WindowEvent e)：窗口不再是活动窗口时调用。

(5) public void windowDeiconified(WindowEvent e)：窗口从最小化状态变为正常状态时调用。

(6) public void windowIconified(WindowEvent e)：窗口从正常状态变为最小化状态时调用。

(7) public void windowOpened(WindowEvent e)：窗口首次变为可见时调用。

下面的程序展示了 WindowEvent 的用法：

```
//WindowEventDemo.java
import jin.util.GUIShow;
import javax.swing.*;
import java.awt.*;
import java.awt.event.*;
public class WindowEventDemo extends JFrame {
    JButton button;
    JFrame frame;
    JTextArea area;
    JScrollPane scrollPane;
    WindowEventDemo(){
        setLayout(new FlowLayout());
        button=new JButton("创建窗口");
        button.addActionListener(new ActionListener(){
            public void actionPerformed(ActionEvent e){
                frame=new JFrame();
                frame.addWindowListener(new WindowListener(){
                    public void windowActivated(WindowEvent e){
                        area.append("窗口被激活了\n");
                    }
                    public void windowClosed(WindowEvent e){
                        area.append("窗口被关闭了\n");
```

```
                }
                public void windowClosing(WindowEvent e){
                    area.append("窗口被正在被关闭\n");
                }
                public void windowDeactivated(WindowEvent e){
                    area.append("窗口不是活动的了\n");
                }
                public void windowDeiconified(WindowEvent e){
                    area.append("窗口被最小化了\n");
                }
                public void windowIconified(WindowEvent e){
                    area.append("窗口正常了\n");
                }
                public void windowOpened(WindowEvent e){
                    area.append("窗口被打开了\n");
                }
            });
            frame.setSize(200, 200);
            frame.setVisible(true);
        }
    });
    area=new JTextArea(15, 15);
    scrollPane=new JScrollPane(area);
    add(button);
    add(scrollPane);
}
public static void main(String[] args) {
    GUIShow.show(new WindowEventDemo(), 380, 350);
}
}
```

运行结果如图 20.2 所示。

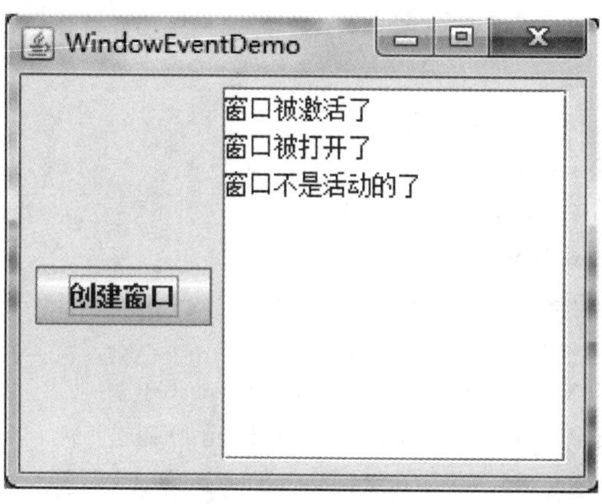

图 20.2　WindowEventDemo.java 的运行结果图

20.3 鼠标事件

MouseEvent(鼠标事件)是指组件中发生鼠标动作的事件。当且仅当动作发生时，鼠标光标处于特定组件边界未被遮掩的部分上，才认为在该组件上发生了鼠标动作。与MouseEvent事件相对应的监听器接口为MouseMotionListener和MouseListener，组件注册MouseEvent事件监听器对象的方法分别为addMouseMotionListener(Listener)和addMouseListener(Listener)。

MouseMotionListener接口包含两个方法。

(1) public void mouseDragged(MouseEvent e)：鼠标按键在组件上按下并拖动时调用。

(2) public void mouseMoved(MouseEvent e)：鼠标光标移动到组件上但无按键按下时调用。

MouseListener接口包含五个方法。

(1) public void mouseClicked(MouseEvent e)：鼠标按键在组件上单击(按下并释放)时调用。

(2) public void mouseEntered(MouseEvent e)：鼠标进入到组件上时调用。

(3) public void mouseExited(MouseEvent e)：鼠标离开组件时调用。

(4) public void mousePressed(MouseEvent e)：鼠标按键在组件上按下时调用。

(5) public void mouseReleased(MouseEvent e)：鼠标按钮在组件上释放时调用。

下面的程序测试了MouseListener接口中方法的用法：

```
//MouseEventDemo
import jin.util.GUIShow;
import javax.swing.*;
import java.awt.*;
import java.awt.event.*;
public class MouseEventDemo extends JFrame {
    JPanel panel;
    JTextArea area;
    JScrollPane scrollPane;
    MouseEventDemo(){
        setLayout(new FlowLayout());
        panel=new JPanel();
        panel.setPreferredSize(new Dimension(220, 200));
        panel.setBackground(Color.red);
        panel.addMouseListener(new MouseListener(){
            public void mouseClicked(MouseEvent e){
            area.append("点击了文本区：("+e.getX()+", "+e.getY()+")处\n");
            }
            public void mouseEntered(MouseEvent e){
```

```
                area.append("鼠标进入了文本区! \n");
            }
            public void mouseExited(MouseEvent e){
                area.append("鼠标离开了文本区! \n");
            }
            public void mousePressed(MouseEvent e){
                area.append("在("+e.getX()+",
                            "+e.getY()+")按下了鼠标! \n");
            }
            public void mouseReleased(MouseEvent e){
                area.append("在("+e.getX()+",
                            "+e.getY()+")释放了鼠标! \n");
            }
        });
        area=new JTextArea(10, 20);
        scrollPane=new JScrollPane(area);
        add(panel);
        add(scrollPane);
    }
    public static void main(String[] args) {
        GUIShow.show(new MouseEventDemo(), 350, 500);
    }
}
```

运行结果如图 20.3 所示。

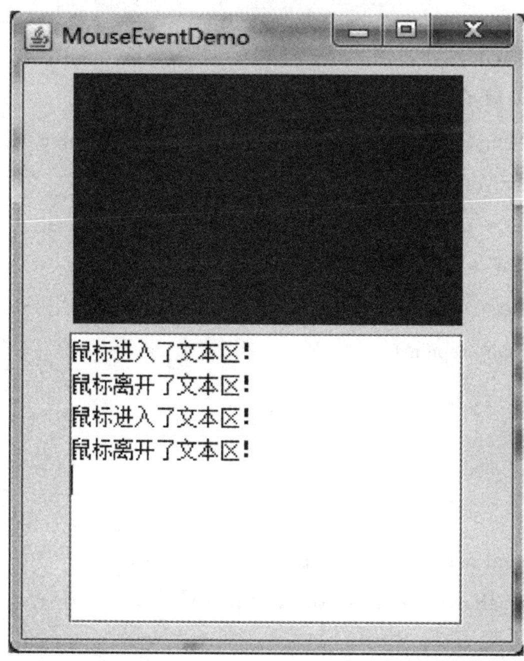

图 20.3　MouseEventDemo.java 的运行结果图

下面是一个鼠标跟踪程序，使用 MouseMotionListener 接口中的 mouseMoved()方法处理鼠标移动事件：

```
//TraceMouseDemo. java
import jin. util. GUIShow;
import javax. swing. * ;
import java. awt. * ;
import java. awt. event. * ;
class MyCanvas extends Canvas{
    private static final int R=20;
    private int x=10, y=10;
    private Color c=Color. red;
    public void paint(Graphics g){
        g. setColor(c);
        g. fillOval(x-R, y-R, 2 * R, 2 * R);
    }
    public void setXY(int x, int y){
        this. x=x;
        this. y=y;
    }
}
public class TraceMouseDemo extends JFrame {
    int x, y;
    MyCanvas can;
    TraceMouseDemo(){
        can=new MyCanvas();
        can. addMouseMotionListener(new MouseMotionAdapter(){
            public void mouseMoved(MouseEvent e){
                x=e. getX();
                y=e. getY();
                can. setXY(x, y);
                can. repaint();
            }
        });
        add(can);
    }
    public static void main(String[] args) {
        GUIShow. show(new TraceMouseDemo(), 500, 500);
    }
}
```

运行结果如图 20.4 所示。

图 20.4 TraceMouseDemo. java 的运行结果图

20.4 键盘事件

当按下、释放或键入某个键时，组件会产生 KeyEvent 事件(键盘事件)。与 KeyEvent 事件相对应的监听器接口是 KeyListener，为组件注册 KeyEvent 事件监听器对象的方法是 addKeyListener(Listener)。

KeyListener 接口包含三个方法。

(1) public void keyPressed(KeyEvent e)：按下某个键时调用。

(2) public void keyReleased(KeyEvent e)：释放某个键时调用。

(3) public void keyTyped(KeyEvent e)：键入某个键时调用。

另外，KeyEvent 事件中有两个非常有用的方法。

(1) public int getKeyCode()：返回一个键盘码。

(2) public char getKeyChar()：返回与此事件中的键关联的字符。

下面的程序展示了 KeyEvent 的用法：

```
//KeyEventDemo.java
import javax.swing.*;
import java.awt.*;
import java.awt.event.*;
import jin.util.GUIShow;
public class KeyEventDemo extends JFrame {
    JTextField[] text=new JTextField[3];
KeyEventDemo(){
    setLayout(new FlowLayout());
    for(int i=0; i<3; i++){
        text[i]=new JTextField(12);
        text[i].addKeyListener(new KeyListener(){
            public void keyPressed(KeyEvent e){
                JTextField t=(JTextField)e.getSource();
```

```
                    if(t.getCaretPosition()>=6){
                        t.transferFocus();
                    }
                }
                public void keyReleased(KeyEvent e){}
                public void keyTyped(KeyEvent e){}
            });
            text[i].addFocusListener(new FocusListener(){
                public void focusGained(FocusEvent e){
                    JTextField text=(JTextField)e.getSource();
                        text.setText(null);
                    }
                    public void focusLost(FocusEvent e){}
                });
                add(text[i]);
            }
        }
        public static void main(String[] args) {
            GUIShow.show(new KeyEventDemo(), 500, 100);
        }
    }
```

运行结果如图 20.5 所示。

图 20.5　KeyEventDemo.java 的运行结果图

20.5　适配器类

在本节讲述的几个监听器接口都有多个方法，如 MouseListener 中有五个方法，而 WindowListener 接口中则定义了七个方法。在 Java 中，实现一个接口的类必须实现这个类中的所有方法，这就意味着如果我们只对 WindowListener 接口中名为 windowClosing 的方法感兴趣，但仍需实现七个方法，然而其他六个方法只需添加空的方法体。

书写六个没有任何操作的方法代码显然是一种乏味的工作。鉴于简化的目的，每个含有多个方法的监听器接口都配有一个适配器(adapter)类，这个类实现了接口中的所有方法，但每个方法没有做任何事情。这意味着适配器类自动地满足了 Java 实现相关监听器接口的技术需求：可以通过扩展适配器类来指定对某些事件的响应动作，而不必实现接口中的每个方法(ActionListener 的接口只有一个方法，因此没必要提供适配器类)。

下面的程序展示了适配器类的用法：

```
//AdapterDemo.java
```

```
import jin.util.GUIShow;
import javax.swing.*;
import java.awt.event.*;
public class AdapterDemo extends JFrame {
    AdapterDemo(){
        this.addWindowListener(new WindowAdapter(){
            public void windowOpened(WindowEvent e){
                System.out.println("窗口打开了");
            }
        });
    }
    public static void main(String[] args) {
        GUIShow.show(new AdapterDemo(), 300, 300);
    }
}
```

运行结果如图 20.6 所示。

图 20.6　AdapterDemo.java 的运行结果图

20.6　本讲小结

本讲主要介绍了焦点事件、窗口事件、键盘事件和鼠标事件等几种常用的低级语义事件，而后又介绍了适配器类的用法。

课后练习

1. 编写程序：处理鼠标拖动事件，实现拖动鼠标画圆。
2. 编写程序：利用 KeyEvent 事件，实现图 20.7 中按钮的移动。

图 20.7　需实现的按钮移动图

第 21 讲 Java 网络编程

互联网上计算机之间的通信必须遵循一定的协议，目前使用最广泛的网络协议是TCP/IP 协议。其中的 IP 协议主要负责网络主机的定位，实现数据传输的路由选择。在实际的应用中使用域名地址，域名和 IP 之间的转换通过域名解析来完成。

网络传输层负责数据传输时的正确性，该层有两类典型的通信协议：TCP 协议和 UDP 协议。

(1) TCP 协议(Transfer Control Protocol)。通过 TCP 协议传输，得到的是一个顺序的无差错的数据流。使用 TCP 通信，发送方和接收方首先要建立 Socket 连接，在客户/服务器通信中，服务方在某个端口提供服务，等待客户方的访问连接，建立连接后，双方就可以发送和接收数据了。

(2) UDP 协议(User Datagram Protocol)。UDP 是一种无连接的协议，其中每个数据报都是一个独立的信息，包括完整的源地址或目的地址，它在网络上以任何可能的路径传往目的地。因此，数据能否到达目的地、到达目的地的时间及内容的正确性都不能保证。但 UDP 无须进行连接，传输效率高，常用于传输声音信号或视频信号等。

java.net 包中提供了丰富的网络功能：

(1) InetAddress 类表示 IP 地址。

(2) URL 类封装了对资源的访问。

(3) ServerSocket 类和 Socket 类实现面向连接的网络通信。

(4) DatagramPacket 类和 DatagrameSocket 类实现数据报的收发。

21.1 InetAddress 类

因特网上用 IP 地址或域名标识主机，InetAddress 对象封装了这两部分的内容。InetAddress对象使用如下格式表示主机的信息：

www.hhstu.edu.cn/125.46.34.241

InetAddress 类的主要方法有：

(1) static InetAddress getByName(String host)。根据主机名获得 InetAddress 对象，使用该方法必须捕获 UnknownHostException 异常。

(2) static InetAddress getLocalHost()。返回本地主机对应的 InetAddress 对象，如果该主机无 IP 地址，则产生 UnknownHostException 异常。

(3) String getHostAddress()。返回 UnknownHostException 异常的 IP 地址。

(4) String getHostName()。返回 UnknownHostException 异常的域名。

下面程序展示了 InetAddress 类的用法：

```
import java.net.*;
public class WhoAmI {
    public static void main(String[] args)
            throws Exception {
        if(args.length != 1) {
            System.err.println("Usage: WhoAmI MachineName");
            System.exit(1);
        }
        InetAddress a=
            InetAddress.getByName(args[0]);
        System.out.println(a);
    }
}
```

也可以使用 InetAddress.getLocalHost()函数得到本地主机的 InetAddress 对象。例如：

```
import java.net.*;
public class WhoAmI2 {
    public static void main(String[] args)
            throws Exception {
        InetAddress a=InetAddress.getLocalHost();
        System.out.println(a);
    }
}
```

也可以使用 InetAddress.getAllByName(String)方法。例如：

```
import java.net.*;
public class WhoAmI3 {
    public static void main(String[] args)
        throws Exception {
        //InetAddress[] a=InetAddress.getAllByName("www.baidu.com");
        //InetAddress[] a=InetAddress.getAllByName("61.135.169.105");
        InetAddress[] a=InetAddress.getAllByName("jzx");
        for(InetAddress x: a)
            System.out.println(x);
    }
}
```

21.2　URL 类

URL(Uniform Resource Locator，统一资源定位符)，用于从主机上读取资源(只能读取，不能向主机写入)。

(1) 一个 URL 地址通常由四部分组成。

协议名：如 http、ftp、file 等。

主机名：如 www.baidu.com、220.181.112.143 等。

路径文件：如/java/index.jsp。

端口号：如 8080、8081 等。

(2) URL 类的常用方法。

String getFile()：获取 URL 的文件名，它是带路径的文件标识。

String getHost()：获取 URL 的主机名。

String getPath()：取得 URL 的路径部分。

int getPort()：取得 URL 的端口号。

URLConnection openConnection()：返回代表与 URL 进行连接的 URLConnection 对象。

InputStream openStream()：打开与 URL 的连接，返回来自连接的输入流。

Object getContent()：获取 URL 的内容。

下面程序用来读取 URL 访问的结果：

```
import java.io.*;
import java.net.*;
public class GetURL{
    public static void main(String[] args){
        InputStream in=null;
        OutputStream out=null;
        try{
            if((args.length! =1)&&(args.length! =2))
                throw new IllegalArgumentException("参数的个数不对!");
            URL url=new URL(args[0]);
            in=url.openStream();
            if(args.length==2)
                out=new FileOutputStream(args[1]);
            else
                out=System.out; //重定向到屏幕
            byte[] buffer=new byte[4096];
            int bytes_read;
            while((bytes_read=in.read(buffer))! =-1)
            out.write(buffer, 0, bytes_read); //将指定 buffer 数组中从偏移量 0 开始的
            bytes_read 个字节写入此输出流。
        }
        catch(Exception e){
            System.err.println("Usage: java GetURL<RUL>[<filename>]");
        }
        finally{
            try{
                in.close();
                out.close();
            }
            catch(Exception e){
```

```
                System.out.println(e);
            }
        }
    }
}
```

也可以使用字符流完成上面的操作，修改上面的程序如下：

```
import java.io.*;
import java.net.*;
public class GetURLS{
    public static void main(String[] args){
        BufferedReader in=null;
        BufferedWriter out=null;
        try{
            if((args.length!=1)&&(args.length!=2))
                throw new IllegalArgumentException("参数的个数不对!");
            URL url=new URL(args[0]);
            in=new BufferedReader(new InputStreamReader(url.openStream()));
            if(args.length==2)
                out=new BufferedWriter(new OutputStreamWriter(new
                                          FileOutputStream(args[1])));
            /*
            else
                out=System.out; //重定向到屏幕，类型不兼容
            */
            String s;
            while((s=in.readLine())!=null)
                out.write(s);
                out.write("\n\r");
            }
            catch(Exception e){
                System.err.println("Usage: java GetURL<RUL> <filename>");
            }
            finally{
                try{
                    in.close();
                out.close();
            }
            catch(Exception e){
                System.out.println(e);
            }
        }
    }
}
```

21.3 URLConnection 类

URLConnection 类可实现与 URL 资源双向通信。它代表应用程序和 URL 之间的通信连接。该类的实例可用于读取和写入此 URL 引用的资源。通常，创建一个到 URL 的连接需要几个步骤：

(1) 通过在 URL 上调用 openConnection 方法创建连接对象；

(2) 处理设置参数和一般请求属性；

(3) 使用 Connect 方法建立到远程对象的实际连接，或者使用 URL 类的 openConnection()方法建立实际连接；

(4) 远程对象变为可用，远程对象的头字段和内容变为可访问。

下面的程序可以下载指定的 URL 文件：

```
import java.net.*;
import java.io.*;
public class DownloadFile{
    public static void main(String[] args){
        try{
            URL path=new URL(args[0]);
            saveFile(path);
        }
        catch(MalformedURLException e){
            System.err.println("URL error");
        }
    }
    public static void saveFile(URL url){
        try{
            URLConnection uc=url.openConnection();
            int len=uc.getContentLength();
            InputStream stream=uc.getInputStream();
            byte[] b=new byte[len];
            stream.read(b, 0, len);
            String theFile=url.getFile();
            theFile=theFile.substring(theFile.lastIndexOf('/')+1);
            FileOutputStream fout=new FileOutputStream(theFile);
            fout.write(b);
        }
        catch(Exception e){
            System.out.println(e);
        }
    }
}
```

运行此程序时，必须为其提供命令行参数：http：//localhost：8080/mxjg/images/header.jpg。

在本地服务器目录下必须存在 mxjg/images/header.jpg 文件。如果是本地硬盘上的文件可以使用文件协议 file，命令行参数为：file：//localhost/mxjg/images/header.jpg。

21.4 Socket 通信

Java 提供的 Socket 类和 ServerSocket 类分别用于 Client 端和 Server 端的 Socket 通信，下面分别对这两个类进行介绍。

（1）Socket 类。其构造方法介绍如下。

① Socket(String，int)：构造一个指定主机、指定端口号的 Socket。

② Socket(InetAddress，int)：构造一个指定 Internet 地址、指定端口号的 Socket。

（2）ServerSocket 类。其构造方法介绍如下。

① ServerSocket(int)：创建绑定到特定端口的服务器套接字。

② ServerSocket(int，int)：创建服务器套接字并将其绑定到指定的本地端口号，其中第二个参数是监听时间的长度。

（3）建立连接与数据通信。首先，在服务器端创建一个 ServerSocket 对象，此对象通过执行 accept()方法监听客户端连接，此时服务器端线程处于等待状态。然后在客户端构造 Socket，与某服务器的指定端口进行连接。服务器监听到连接请求后，就可在两者之间建立连接，连接建立后，就可以取得相应的输入、输出流进行通信。

下面是一个简单的 Socket 通信演示程序，该程序分为服务器端和客户端。

服务器端程序：

```
import java.net.*;
import java.io.*;
public class SimpleServer{
    public static void main(String[] args){
        ServerSocket s=null;
        try{
            s=new ServerSocket(5432);
        }
        catch(IOException e){}
        while(true){
            try{
                Socket s1=s.accept();
                OutputStream slout=s1.getOutputStream();
                DataOutputStream dos=new DataOutputStream(slout);
                dos.writeUTF("Hello World!");
                System.out.println("a client is conneted...");
                s1.close();
            }
```

```
            catch(IOException e){}
        }
    }
}
```

客户端程序：

```
import java.net.*;
import java.io.*;
public class SimpleClient{
    public static void main(String[] args)throws IOException{
        Socket s=new Socket("localhost", 5432);
        InputStream sIn=s.getInputStream();
        DataInputStream dis=new DataInputStream(sIn);
        String message=new String(dis.readUTF());
        System.out.println(message);
        s.close();
    }
}
```

下面另一个 Socket 的通信程序，使用字符流进行通信。

服务器端程序：

```
import java.io.*;
import java.net.*;
public class JabberServer {
    public static final int PORT=8080;
    public static void main(String[] args)
        throws IOException {
    ServerSocket s=new ServerSocket(PORT);
    System.out.println("Started: "+s);
    try {
        Socket socket=s.accept();
        try {
            System.out.println("Connection accepted: "+socket);
            BufferedReader in=new BufferedReader(new
                        InputStreamReader(socket.getInputStream()));
            PrintWriter out=new PrintWriter(new BufferedWriter(new
                    OutputStreamWriter(socket.getOutputStream())), true);
            while (true) {
                String str=in.readLine();
                if (str.equals("END")) break;
                System.out.println("Echoing: "+str);
                out.println(str);
            }
            } finally {
                System.out.println("closing...");
```

```
                socket.close();
            }
        } finally {
            s.close();
        }
    }
}
```

客户端程序：

```
import java.net.*;
import java.io.*;
public class JabberClient {
  public static void main(String[] args)
      throws IOException {
    InetAddress addr=InetAddress.getByName(null);
    System.out.println("addr="+addr);
    Socket socket=new Socket(addr, JabberServer.PORT);
  try {
      System.out.println("socket="+socket);
      BufferedReader in=new BufferedReader(new InputStreamReader(socket.
                                   getInputStream()));
      PrintWriter out=new PrintWriter(new BufferedWriter(new
                   OutputStreamWriter(socket.getOutputStream())), true);
      for(int i=0; i < 10; i++) {
        out.println("howdy "+i);
        String str=in.readLine();
        System.out.println(str);
      }
      out.println("END");
    } finally {
      System.out.println("closing...");
      socket.close();
    }
  }
}
```

JabberServer 服务器可以正常工作，但每次只能为一个客户程序提供服务。在典型的服务器中，我们希望同时能处理多个客户的请求。解决这个问题的关键就是多线程处理机制。

最基本的方法是在服务器(程序)里创建单个 ServerSocket，并调用 accept()来等候一个新连接。一旦 accept()返回，我们就取得结果获得的 Socket，并用它新建一个线程，令其只为那个特定的客户服务。然后再调用 accept()，等候下一次新的连接请求。

对于下面这段服务器代码，大家会发现它与 JabberServer.java 程序非常相似，只是为一个特定的客户提供服务的所有操作都已移入一个独立的线程类中了。

下面是一对多的通信程序。

服务器端程序：

```
import java.io.*;
import java.net.*;
class ServeOneJabber extends Thread {
    private Socket socket;
    private BufferedReader in;
    private PrintWriter out;
    public ServeOneJabber(Socket s)
          throws IOException {
      socket=s;
      in=new BufferedReader(new InputStreamReader(socket.getInputStream()));
      out=new PrintWriter (new BufferedWriter(new
                              OutputStreamWriter(socket.getOutputStream())), true);
     start();
  }
    public void run() {
      try {
        while (true) {
          String str=in.readLine();
          if (str.equals("END")) break;
          System.out.println("Echoing: "+str);
          out.println(str);
        }
        System.out.println("closing...");
      } catch (IOException e) {
      } finally {
        try {
          socket.close();
        } catch(IOException e) {}
      }
    }
  }

  public class MultiJabberServer {
    static final int PORT=8080;
    public static void main(String[] args)
          throws IOException {
      ServerSocket s=new ServerSocket(PORT);
      System.out.println("Server Started");
      try {
        while(true) {
          Socket socket=s.accept();
```

```
          try {
            new ServeOneJabber(socket);
          } catch(IOException e) {
            socket.close();
          }
        }
      } finally {
        s.close();
      }
    }
  }
```

客户端程序：

```
import java.net.*;
import java.io.*;
class JabberClientThread extends Thread {
  private Socket socket;
  private BufferedReader in;
  private PrintWriter out;
  private static int counter=0;
  private int id=counter++;
  private static int threadcount=0;
  public static int threadCount() {
    return threadcount;
  }
  public JabberClientThread(InetAddress addr) {
    System.out.println("Making client "+id);
    threadcount++;
    try {
      socket=new Socket(addr, MultiJabberServer.PORT);
    } catch(IOException e) {
    }
    try {
      in=new BufferedReader(new InputStreamReader(socket.getInputStream()));
      out=new PrintWriter(new BufferedWriter(new OutputStreamWriter(
                          socket.getOutputStream())), true);
      start();
    } catch(IOException e) {
      try {
        socket.close();
      } catch(IOException e2) {}
    }
  }
  public void run() {
```

```
        try {
          for(int i=0; i < 25; i++) {
            out.println("Client "+id+": "+i);
            String str=in.readLine();
            System.out.println(str);
          }
          out.println("END");
        } catch(IOException e) {
        } finally {
          try {
            socket.close();
          } catch(IOException e) {}
          threadcount--; //Ending this thread
        }
      }
    }
    public class MultiJabberClient {
      static final int MAX_THREADS=40;
      public static void main(String[] args)
          throws IOException, InterruptedException {
        InetAddress addr=
          InetAddress.getByName(null);
        while(true) {
          if(JabberClientThread.threadCount()
             < MAX_THREADS)
            new JabberClientThread(addr);
          Thread.currentThread().sleep(100);
        }
      }
    }
```

21.5 无连接的数据报

数据报是一种无连接的通信方式，它的速度比较快，但是由于不建立连接，不能保证所有数据都能送到目的地，所以一般用于传送非关键性的数据。

1. DatagramPacket 类

DatagramPacket 类是进行数据通信的基本单位，包含需要传送的数据、数据报的长度、IP 地址和端口号等信息。其构造方法如下。

(1) DatagramPacket(byte[] buf, int length)：构造 DatagramPacket，用来接收长度为 length 的数据包。

(2) DatagramPacket(byte[] buf, int length, InetAddress address, int port)：构造

DatagramPacket，用来将长度为 length 的包发送到指定主机上的指定端口号。

（3）DatagramPacket(byte[] buf，int offset，int length)：构造 DatagramPacket，用来接收长度为 length 的包，在缓冲区中指定了偏移量。

（4）DatagramPacket(byte[] buf，int offset，int length，InetAddress address，int port)：构造 DatagramPacket，用来将长度为 length 偏移量为 offset 的包发送到指定主机上的指定端口号。

（5）DatagramPacket(byte[] buf，int offset，int length，SocketAddress address)：构造 DatagramPacket，用来将长度为 length 偏移量为 offset 的包发送到指定主机上的指定端口号。

（6）DatagramPacket(byte[] buf，int length，SocketAddress address)：构造 DatagramPacket，用来将长度为 length 的包发送到指定主机上的指定端口号。

DatagramPacket 类中的常用函数介绍如下。

（1）void setData(byte[] buf)：设置数据缓冲区。

（2）byte[] getData()：返回数据缓冲区。

（3）getLength()：返回发送或接收数据报的长度。

2. DatagramSocket 类

DatagramSocket 类是用来发送或接收数据报的 Socket。其构造方法如下。

（1）DatagramSocket()：构造一个用于发送的 DatagramSocket。

（2）DatagramSocket(int port)：构造一个用于接收的 DatagramSocket，参数为接收端口号。

3. 发送和接收过程

下面代码给出了数据报接收和发送的编程要点。接收端的 IP 地址是 192.168.0.3，端口号是 80，发送的数据在缓冲区的 message 中，长度为 200。

接收端程序：

```
byte[] inbuffer=new byte[1024]; //设置缓冲区
DatagramPacket inpacket=new DatagramPacket(inbuffer, inbuffer.length);
DatagramSocket insocket=new DatagramSocket(80); //设置端口号
insocket.receive(inpacket); //接收数据报
String s=new String(inbuffer, 0, 0, inpacket.getLength()); //将接收的数据存入字符串。
```

发送端程序：

```
//message 为存放发送数据的字节数组
DatagramPacket outpacket=new DatagramPacket(message, 200, "192.168.0.3", 80);
DatagramSocket outsocket=new DatagramSocket();
outsocket.send(outpacket);
```

下面的程序实现了利用数据报发送信息或文件：

```
//发送程序：
import java.io.*;
import java.net.*;
public class UDPSend{
    public static final String usage="用法：java UDPSend <hostname><port><msg
```

```
    >...\n"+"或 java UDPSend<hostname><port>-f<file>";
    public static void main(String[] args){
        try{
            if(args.length<3)
                throw new IllegalArgumentException("参数个数不对");
            String host=args[0];
            int port=Integer.parseInt(args[1]);
            byte[] message;
            if(args[2].equals("-f")){
                File f=new File(args[3]);
                int len=(int)f.length();
                message=new byte[len];
                FileInputStream in=new FileInputStream(f);
                int bytes_read=0;
                in.read(message, bytes_read, len);
            }
            else{
                String msg=args[2];
                for(int i=3; i<args.length; i++)
                    msg+=""+args[i];
                message=msg.getBytes();
            }
            InetAddress address=InetAddress.getByName(host);
            DatagramPacket packet=new DatagramPacket(message, message.length,
                                address, port);
            DatagramSocket dsocket=new DatagramSocket();
            dsocket.send(packet);
            dsocket.close();
        }
        catch(Exception e){
            System.err.println(e);
            System.err.println(usage);
        }
    }
}
//接收程序:
import java.io.*;
import java.net.*;
public class UDPReceive{
    public static final String usage="用法: java UDPReceive<port>";
    public static void main(String[] args){
        try{
            if(args.length!=1)
```

```
            throw new IllegalArgumentException("参数个数不足");
        int port=Integer.parseInt(args[0]);
        DatagramSocket dsocket=new DatagramSocket(port);
        byte[] buffer=new byte[2048];
        DatagramPacket packet=new DatagramPacket(buffer, buffer.length);
        for(;;){
            dsocket.receive(packet);
            String msg=new String(buffer, 0, packet.getLength());
    System.out.println(packet.getAddress().getHostName()+": "+msg);
        }
    }
    catch(Exception e){
        System.err.println(e);
        System.err.println(usage);
    }
  }
}
```

4. 数据报多播

多播就是发送一个数据报文，使所有组内成员均可接收到。多播通信使用 D 类 IP 地址，地址范围为 224.0.0.1～239.255.255.255。

发送广播的主机给指定多播地址的特定端口发送消息。

接收广播的主机必须加入到同一多播地址指定的多播组中，并从同样端口接收数据报。

MulticastSocket 类可以实现数据报多播，其构造函数如下。

(1) MulticastSocket()：创建一个多播 Socket，可用于发送多播消息。

(2) MulticastSocket(int port)：创建一个与指定端口绑定的多播 Socket，可用于收发多播消息。

可以通过 setTimeToLive(int)方法设置多播消息的生命周期，默认消息的生命周期为 1，这种情况下消息只能在局域网内部传递。

下面是接收和发送多播数据的过程。

(1) 接收多播数据。接收方首先通过使用发送方数据报指定的端口创建一个 MulticastSocket 对象，通过该对象调用 joinGroup(InetAddress group)方法将自己登记到一个多播组中。然后，就可以使用 MulticastSocket 对象的 receive()方法接收数据报了。在不接收数据时，可以调用 leaveGroup(InetAddress group)方法离开多播组。

(2) 发送多播数据。用 MulticastSocket 对象的 send()方法发送数据报。由于在发送数据报中已指定了多播地址和端口，所以发送方创建 MulticastSocket 对象时可以使用不指定端口的构造方法。

(3) 实现数据多播的关键代码：

```
String msg="Hello";
InetAddress group=InetAddress.getByName("228.5.6.7"); //创建多播组
```

```
MulticastSocket s=new MulticastSocket(6789); //创建 MulticastSocket 对象
s.joinGroup(group); //加入多播组
DatagramPacket hi=new DatagramPacket(msg.getBytes(), msg.length(),
                   group, 6789); //创建要发送的数据报
s.send(hi); //发送
/*下面接收多播数据报*/
byte[] buf=new byte[1024];
DatagramPacket recv=new DatagramPacket(buf, buf.length);
s.receive(recv);
```

下面程序是广播信息的主机程序：

```
import java.net.*;
public class BroadCast extends Thread{
    String s="天气预报，最高温度 32 度，最低温度 25 度";
        int port=5858; //组播的端口
        InetAddress group=null; //组播组的地址
        MulticastSocket socket=null; //多点广播套接字
        BroadCast(){
            try{
                //设置广播组的地址为 239.255.8.0
                group=InetAddress.getByName("239.255.8.0");
                //多点广播套接字将在 port 端口广播
                socket=new MulticastSocket(port);
                //多点广播套接字发送数据报范围为本地网络
                socket.setTimeToLive(1);
                /*加入广播组，加入 group 后，socket 发送的数据报可以被加入到
                group 中的成员接收到*/
                socket.joinGroup(group);
            }
            catch(Exception e){
                System.out.println("Error: "+e);
            }
        }
        public void run(){
            while(true){
        try{
            DatagramPacket packet=null; //待广播的数据包
                byte data[]=s.getBytes();
                packet=new DatagramPacket(data, data.length, group, port);
                System.out.println(new String(data));
                socket.send(packet); //广播数据包
                sleep(2000);
            }
            catch(Exception e){
```

```
                System.out.println("Error："+e)；
            }
        }
    }
    public static void main(String args[]){
        new BroadCast().start()；
    }
}
```

接收广播的主机程序：

```
import java.net.*；
import java.awt.*；
import java.awt.event.*；
public class Receive extends Frame implements Runnable，ActionListener{
    int port；//组播的端口
    InetAddress group=null；//组播组的地址
    MulticastSocket socket=null；//多点广播套接字
    Button 开始接收，停止接收；
    TextArea 显示正在接收内容，显示已接收的内容；
    Thread thread；//负责接收信息的线程
    boolean 停止=false；
    public Receive(){
    super("定时接收信息")；
        thread=new Thread(this)；
        开始接收=new Button("开始接收")；
        停止接收=new Button("停止接收")；
        停止接收.addActionListener(this)；
        开始接收.addActionListener(this)；
        显示正在接收内容=new TextArea(10，10)；
        显示正在接收内容.setForeground(Color.blue)；
        显示已接收的内容=new TextArea(10，10)；
        Panel north=new Panel()；
        north.add(开始接收)；
        north.add(停止接收)；
        add(north，BorderLayout.NORTH)；
        Panel center=new Panel()；
        center.setLayout(new GridLayout(1，2))；
        center.add(显示正在接收内容)；
        center.add(显示已接收的内容)；
        add(center，BorderLayout.CENTER)；
        validate()；
        port=5858；//设置组播组的监听端口
        try{
    //设置广播组的地址为 239.255.8.0
```

```
group=InetAddress.getByName("239.255.8.0");
//多点广播套接字将在 port 端口广播
    socket=new MulticastSocket(port);
    /*加入广播组，加入 group 后，socket 发送的数据报可以被加入到 group 中的成员接
    收到*/
        socket.joinGroup(group);
    }
    catch(Exception e){}
        setBounds(100, 50, 360, 380);
        setVisible(true);
        addWindowListener(new WindowAdapter(){
            public void windowClosing(WindowEvent e){
                System.exit(0);
            }
        });
    }
    public void actionPerformed(ActionEvent e){
        if(e.getSource()==开始接收){
            开始接收.setBackground(Color.blue);
            停止接收.setBackground(Color.gray);
            if(!(thread.isAlive())){
                thread=new Thread(this);
            }
            try{
            thread.start();
                停止=false;
            }
        catch(Exception ee) {}
    }
        if(e.getSource()==停止接收){
            开始接收.setBackground(Color.gray);
            停止接收.setBackground(Color.blue);
            停止=true;
        }
    }
    public void run(){
        while(true){
        byte data[]=new byte[8192];
            DatagramPacket packet=null;
            //待接收的数据包。
            packet=new DatagramPacket(data, data.length, group, port);
            try {
                socket.receive(packet);
```

```
                    String message=new String(packet.getData(), 0, packet.getLength());
                        显示正在接收内容.setText("正在接收的内容:\n"+message);
                        显示已接收的内容.append(message+"\n");
                    }
                catch(Exception e) {}
                if(停止==true){
                    break;
                }
            }
        }
        public static void main(String args[]){
            new Receive();
        }
    }
```

21.6 本讲小结

本讲首先介绍了网络编程的基础知识；而后又对 Java 中有关网络编程的类做了详细的介绍，包括 InetAddress 类、URL 类、URLConnection 类；最后详细讲解了 Socket 编程和无连接的数据报编程。

课后练习

1. 编写 java 程序：利用 URL 对象读取网络上文件的内容。

2. 编写程序：实现客户端(Client.java)向服务器(Server.java)端请求(请求是一句话，为一个 String)。如果这句话的内容字符串是字符串“plain”的话，服务器仅将“Hello”字符串返回给用户；否则将用户的话加到当前目录的文本文件 Memo.txt 中，并向用户返回“OK”。

3. 让上一题中的 Server.java 能并发的处理多用户，并编写程序模拟多个用户向服务器发送请求。

4. 用一个套接字(Socket)完成由客户端指定一个服务器上的文件名，让服务器发回该文件的内容，或者提示文件不存在。

5. 编写程序：用面向连接的网络通信实现一个远程加法器，客户端向服务器发送两个数，服务器计算两个数的和返回给客户端。分别写出客户端和服务器端的程序。

第22讲 泛 型

泛型是指参数化类型的能力，其最初的目的是希望类或方法能够具备最广泛的表达能力。可以定义带泛型类型的类或方法，随后编译器会用具体类型来替换它。在程序中使用泛型的好处是能够在编译时检查出错误，而不是在运行时刻。

22.1 泛 型

从 JDK 1.5 版本开始，Java 允许定义泛型类、泛型接口和泛型方法，已经使用泛型对 Java API 中的类、接口和方法进行了修改。在 JDK 1.5 版本之前的接口 Comparable 的定义如下：

```
public interface Comparable {
    public int CompareTo(Object o)
}
```

而在 JDK 1.5 版本之后，其定义如下：

```
public interface Comparable<T> {
    public int CompareTo(T o)
}
```

程序中的<T>(有时为<E>，两者并无本质区别)表示形式泛型类型，随后可以使用一个实际的具体类型替换它。替换泛型类型称为泛型实例化。

为了说明使用泛型的益处，分析下面的程序：

```
//TestGenerics.java
import java.util.*;
public class TestGenerics {
    public static void main(String[] args) {
        Comparable c=new String("hello");
        Integer i=new Integer(2);
        System.out.println(c.compareTo(i));
    }
}
```

上面的程序在编译时并没有错误，但在运行时会报错，因为 String 不能和 Integer 进行比较。

修改 TestGenerics.java 程序，加入泛型：

```
import java.util.*;
public class TestGenerics {
```

```
    public static void main(String[] args) {
        Comparable<String> c=new String("hello");
        Integer i=new Integer(2);
        System.out.println(c.compareTo(i));
    }
}
```

上面的程序在编译时就会报错，所以泛型类型能使程序更加可靠。

22.2　自定义泛型类和接口

创建“容器(Collection，集合)类”是促使泛型出现的原因之一。泛型可以使集合记住其内各元素的类型，并且能够在编译时找出错误。JDK 1.5 版本之后，已经使用泛型对 Java API 进行了改写，下面的程序展示了使用泛型改写后的 ArrayList 类的用法：

```
//TestGenericsAPI.java
import java.util.*;
public class TestGenericsAPI {
    public static void main(String[] args) {
        List<String> list=new ArrayList<String>();
        list.add("hello ");
        list.add("java ");
        //list.add(2);
        for (int i=0; i < list.size(); i++) {
            String name=list.get(i);
            System.out.println("name: "+name);
        }
    }
}
```

也可以自定义泛型类、接口和方法，下面的程序展示了自定义泛型类：

```
//SelfGenerics.java
import java.util.*;
class Box<T> {
    private ArrayList<T> list=new ArrayList<T>();
    public Box() {
    }
    public void addData(T data) {
        list.add(data);
    }
    public T getData(int index) {
        return list.get(index);
    }
    public int length(){
        return list.size();
```

```
    }
}
public class SelfGenerics {
    public static void main(String[] args) {
        Box<String> b=new Box<String>();
        b.addData("Hello ");
        b.addData("Java ");
        b.addData("2 ");
        b.addData("EE");
        for (int i=0; i < b.length(); i++){
            System.out.println(b.getData(i));
        }
    }
}
```

22.3 自定义泛型方法

从 JDK 1.5 版本开始，还可以使用泛型类型来定义泛型方法，在调用方法的时候指明泛型的具体类型。

Java 泛型方法在方法返回值是容器类对象时广泛使用。编写 Java 泛型方法时，返回值类型和至少一个参数类型应该是泛型，而且类型应该一致。如果只有返回值类型或参数类型之一使用了泛型，那么这个泛型方法的使用就会受到很大的限制，几乎和不使用泛型一样。

下面的程序展示了自定义的泛型方法：

```
//GenericsMethod.java
public class GenericsMethod {
    public static <E> void print(E[] list){
        for (int i=0; i < list.length; i++){
            System.out.print(list[i]+" ");
        }
        System.out.println();
    }
    public <T> T getObject(Class<T> c) throws InstantiationException, IllegalAccess-
    Exception{
        T t=c.newInstance();
        return t;
    }
    public static void main(String[] args) {
        Integer[] integers={1, 2, 3, 4, 5}; //自动包装
        Double[] doubles={1.2, 1.3, 2.5}; //自动包装
        String[] strings={"Hello", "Java", "Android"};
        print(integers);
```

```
            GenericsMethod.print(doubles);
            GenericsMethod.<String>print(strings);
            System.out.println("-------------------");
            GenericsMethod gMethod=new GenericsMethod();
            try {
                Object o=gMethod.getObject(Class.forName("java.util.Date"));
                System.out.println(o.toString());
            }
            catch(Exception e){
                e.printStackTrace();
            }
        }
    }
```

22.4　受限的泛型

在定义泛型类型时，预设可以使用任何类型来实例化泛型类型。但是如果想限制使用泛型类型，可以将泛型指定为另一种类型的子类型，即使用 extends 关键字指定泛型类型必须继承某个类或者实现某个接口，也可以是这个类或接口本身。这样的泛型类型称为受限的泛型。下面的程序展示了受限的泛型类：

```
//RestrictedGenericsClass.java
interface Shape{
    double getArea();
}
class Circle implements Shape{
    double r;
    Circle(double r){
        this.r=r;
    }
    public double getArea(){
        return Math.PI * r * r;
    }
}
class Ranctangle implements Shape{
    double width, height;
    Ranctangle(double width, double height){
        this.width=width;
        this.height=height;
    }
    public double getArea(){
        return width * height;
    }
```

```
    }
    class MyShape<E extends Shape>{
        private E myShape;
        public void setMyShape(E myShape){
            this.myShape=myShape;
        }
        public E getMyShape(){
            return myShape;
        }
    }
    public class RestrictedGenericsClass {
        public static void main(String[] args) {
            MyShape<Circle> m1=new MyShape<Circle>();
            MyShape<Ranctangle> m2=new MyShape<Ranctangle>();
            //MyShape<String> m1=new MyShape<String>(); //Error
        }
    }
```

下面的程序展示了使用受限泛型定义的方法：

```
    //RestrictedGenericsMethod.java
    public class RestrictedGenericsMethod {
        public static <E extends Shape> boolean equalArea(E obj1, E obj2){
            return obj1.getArea()==obj2.getArea();
        }
        public static void main(String[] args) {
            Circle c=new Circle(20.3);
            Ranctangle ranc=new Ranctangle(10.4, 20.2);
            MyShape<Shape> shape=new MyShape<Shape>();
            System.out.println(RestrictedGenericsMethod.equalArea(c, ranc));
        }
    }
```

22.5 原始类型和向后兼容

可以使用泛型类而不必指定具体类型，如：

```
Box b=new Box();
```

它大体等价于：

```
Box<Object> b=new Box<Object>();
```

不使用类型参数的泛型称为原始类型。在 Java 的早起版本中，允许使用原始类型向后兼容，但原始类型是不安全的，可能会出现运行时错误。

22.6 通配泛型

什么是通配泛型？为什么要引入通配泛型？下面的程序给出了为什么需要通配泛型的

原因：

```
//WithGenericsOne.java
public class WithGenericsOne {
    public static double max(Box<Integer> myBox){
        double max=myBox.getData(0).doubleValue();
        for (int i=0; i < myBox.length(); i++){
            double value=myBox.getData(i) .doubleValue();
            if (value > max){
                max=value;
            }
        }
        return max;
    }
    public static void main(String[] args) {
        Box<Integer> box1=new Box<Integer>();
        box1.addData(2);
        box1.addData(3);
        box1.addData(-4);
        System.out.println("box1 中最大值为："+max(box1));

    }
}
```

在上面程序的 main()方法中添加如下语句：

```
Box<Double> box2=new Box<Double>();
box2.addData(2.3);
box2.addData(3.4);
box2.addData(-3.5);
System.out.println("box2 中最大值为："+max(box2)); //错误
```

因为 max(box2)不能匹配 WithGenericsOne.java 程序中的 max 方法，所以还要为其添加如下方法：

```
public static double max(Box<Double> myBox){
    double max=myBox.getData(0).doubleValue();
    for (int i=0; i < myBox.length(); i++){
        double value=myBox.getData(i) .doubleValue();
        if (value > max){
            max=value;
        }
    }
    return max;
}
```

添加 max(Box<Double> myBox)方法后，发现程序还是不能通过编译，因为 max(Box<Double> myBox)方法和 max(Box<Integer> myBox)方法不能构成重载。那么能

不能只定义 max(Box<Number> myBox)方法呢，因为 Doubel 和 Integer 都是 Number 的子类。程序改写为

```
public static double max(Box<Number> myBox){
    double max=myBox.getData(0).doubleValue();
    for (int i=0; i < myBox.length(); i++){
        double value=myBox.getData(i).doubleValue();
        if (value > max){
            max=value;
        }
    }
    return max;
}
```

程序改写后还是不能通过编译，因为 box1 是 Box<Integer>的实例，而 box2 是 Box<Double>的实例，两者并不是 Box<Number>的实例。

为了解决类型被限制死了而不能动态根据实例来确定的缺点，引入了“通配泛型”。通配泛型有三种形式。

(1) <? >：称为非受限通配，等同于<? extends Object>。

(2) <? extends T>：称为受限通配，表示 T 或 T 的一个未知子类型。

(3) <? super T>：称为下限通配，表示 T 或 T 的一个未知父类型。

因为<? extends Number>表示 Number 或 Number 的子类型的通配类型，所以在 WithGenericsOne.java 程序中可以定义如下方法来通配 box1 和 box2：

```
public static double max(Box<? extends Number> myBox){
    double max=myBox.getData(0).doubleValue();
    for (int i=0; i < myBox.length(); i++){
        double value=myBox.getData(i).doubleValue();
        if (value > max){
            max=value;
        }
    }
    return max;
}
```

程序 WithGenericsTwo.java 展示了通配泛型<? super T>和<? >的用法：

```
//WithGenericsTwo.java
public class WithGenericsTwo {
    public static <T> void printBox(Box<? > box){
        for (int i=0; i < box.length(); i++){
            System.out.println(box.getData(i));
        }
    }
    public static <T> void add(Box<T> box1, Box<? super T> box2){
        for (int i=0; i < box1.length(); i++){
            box2.addData(box1.getData(i));
```

```
            }
        }
        public static void main(String[] args) {
            Box<String> box1=new Box<String>();
            Box<Object> box2=new Box<Object>();
            box1.addData("hello");
            box1.addData("java");
            box1.addData("2");
            add(box1, box2);
            System.out.println("box1:");
            WithGenericsTwo.printBox(box1);
            System.out.println("box2:");
            WithGenericsTwo.printBox(box2);
        }
    }
```

22.7 本讲小结

本讲首先讲述了泛型的定义、自定义泛型类、自定义泛型接口和泛型方法，其次简单介绍了受限的泛型以及原始类型和向后兼容，最后讲述了通配泛型。

课后练习

1. 简述使用泛型类型的优势。
2. 什么是受限泛型类型？
3. 分别解释什么是非受限通配、受限通配和下限通配。

第23讲 集　合

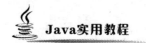

数组可以用来保存一组数据，但数组的大小一旦定义就不能改变。而使用数据类存储基本数据类型时非常有效，可以定义对象数组来存储一组对象，但有时并不能确定到底要存储多少个对象。为此，Java 实用类库提供了一套容器类来解决这个问题。

23.1 集合框架

Java 容器类的作用是用来“保存对象”，是可变长的对象数组。其可分为两种类型。

(1) Collection(称为集合)：一个独立元素的序列。

(2) Map(称为映射表或图)：一组成对的“键/值”对象。

图 23.1 为 Java 集合框架的继承关系图。

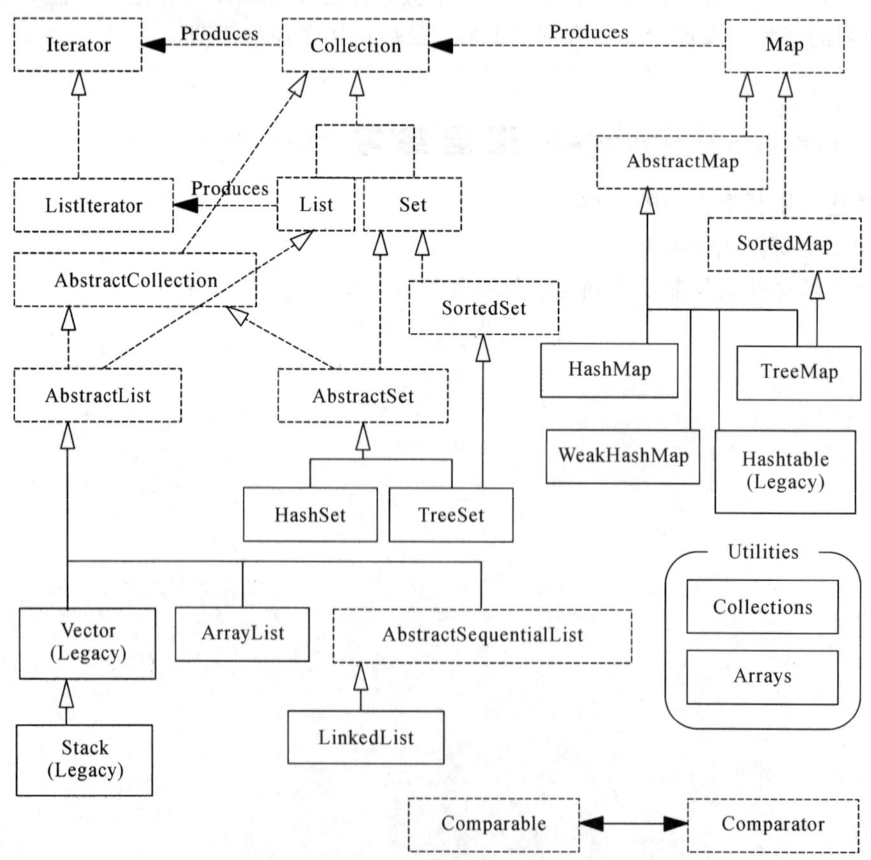

图 23.1　Java 集合框架的继承关系图

23.2　Collection

Java 集合框架中常用的 Collection 有三种：Set(规则集)、List(线性表)和 Queue(队列)。Set 的实例用于存储一组不重复的元素，List 的实例用于存储一个由元素构成的有序集合，而 Queue 的实例用于存储使用先进先出方式处理的对象。

23.2.1　Set(规则集)

Set 接口扩展了 Collection 接口，它并没有引入新的方法或常量，只是规定了 Set 的实例不能包含重复的元素。实现 Set 接口的具体类必须确保没有向其添加重复的元素。

常用的实现 Set 接口的类有三个，分别为：HashSet(散列集)、LinkedHashSet(链式散列集)和 TreeSet(树形集)。

1. HashSet(散列集)

HashSet 可以用来存储互不相同的任何元素。下面程序展示了 HashSet 的用法：

```
//TestHashSet.java
import java.util.*;
public class TestHashSet {
    public static void main(String[] args) {
        Set<String> set=new HashSet<String>();
        set.add("hello");
        set.add("java");
        set.add("and");
        set.add("internet");
        set.add("of");
        set.add("things");
        set.add("hello");
        System.out.println(set); //直接打印 Set
        //使用 Iterator 遍历
        Iterator<String> iterator=set.iterator();
        while(iterator.hasNext()){
            System.out.print(iterator.next()+" ");
        }
    }
}
```

在 TestHashSet.java 程序中，字符串“hello”被添加了两次，但只有一个被存储，因为 Set 中不允许有重复的元素。而存储到 HashSet 中的字符串并没有按照它们被插入的顺序存储，这是 HashSet 的特性所决定的。要想顺序存储，可以使用 LinkedHashSet。

2. LinkedHashSet(链式散列集)

LinkedHashSet 是 HashSet 的子类，它使用链表扩展了 HashSet 类。LinkedHashSet 中的元素是有序的，其顺序为插入顺序。下面程序展示了 LinkedHashSet 的用法：

```
//TestLinkedHashSet.java
import java.util.*;
public class TestLinkedHashSet {
    public static void main(String[] args) {
        Set<String> set=new LinkedHashSet<String>();
        set.add("hello");
        set.add("java");
        set.add("and");
        set.add("internet");
        set.add("of");
        set.add("things");
        set.add("hello");
        System.out.println(set); //直接打印 Set
        //使用 Iterator 遍历
        Iterator<String> iterator=set.iterator();
        while(iterator.hasNext()){
            System.out.print(iterator.next()+" ");
        }
    }
}
```

从程序的输出结果可以看出：LinkedHashSet 中元素保持了插入时的顺序，并且不重复。要使 LinkedHashSet 中的元素按照其他的顺序存储，可以使用 TreeSet。

3. TreeSet(树形集)

SortedSet 接口为 Set 的子接口，它确保了 Set 中的元素是有序的，这些元素按自然顺序进行排序或者按照创建 Set 时所指定的 Comparator 进行排序。方法 first、last、headSet 和 tailSet 分别返回规则集中的第一个元素、最后一个元素、小于给定元素和大于等于给定元素的元素。

NavigableSet 接口扩展了 SortedSet 接口，增加了导航方法。方法 lower、floor、ceiling 和 higher 分别返回小于、小于等于、大于等于、大于给定元素的元素，如果元素不存在，则返回 null。也可以按升序或降序访问和遍历 NavigableSet。

TreeSet 类实现了 NavigableSet 接口，一般用于存储可以相互比较的对象。下面程序展示了 TreeSet 的用法：

```
//TestTreeSet.java
import java.util.*;
public class TestTreeSet {
    public static void main(String[] args) {
        TreeSet<String> set=new TreeSet<String>();
        set.add("hello");
        set.add("java");
        set.add("and");
        set.add("internet");
```

```
        set.add("of");
        set.add("things");
        set.add("hello");
        System.out.println(set); //直接打印 Set
        //使用 Iterator 遍历
        Iterator<String> iterator=set.iterator();
        while(iterator.hasNext()){
            System.out.print(iterator.next()+" ");
        }
        System.out.println();
        System.out.println("第一个元素："+set.first());
        System.out.println("最后一个元素："+set.last());
        System.out.println("小于某个元素的元素："+set.headSet("java"));
        System.out.println("大于等于某个元素的元素："+set.tailSet("java"));
        System.out.println("小于 internet 的元素："+set.lower("internet"));
        System.out.println("小于等于 internet 的元素："+set.floor("internet"));
        System.out.println("大于 internet 的元素："+set.higher("internet"));
        System.out.println("大于等于 internet 的元素："+set.ceiling("internet"));
    }
}
```

23.2.2 Comparator(比较器接口)

向 TreeSet 中添加的对象是可以相互比较的，而常用的比较对象的方式有两种：

(1) 使用 Comparable 接口。这种方法用于使用实现 Comparable 接口的类所创建对象的比较，Comparable 接口中定义了 compareTo 方法，这种方法定义的顺序为自然顺序。JavaAPI 中的许多类都实现了 Comparable 接口，如：由于 String 类实现了 Comparable 接口，所以在 TestTreeSet.java 程序中 String 类的实例可以存储到 TreeSet 中，并按自然顺序排序。

(2) 使用 Comparator(比较器接口)。有些类没有实现 Comparable 接口，或者虽然实现了 Comparable 接口但不想使用 compareTo 方法进行比较，这时可以为规则集中的元素指定一个比较器，此比较器是实现了 Comparator 接口的类所创建的对象。规则集中的元素按照比较器中规定的顺序进行排序。

Comparator 接口中定义了两个方法。

① int compare(T o1，T o2)：对两个参数进行比较，如果 o1 小于 o2，返回一个负数；如果 o1 大于 o2，返回一个正数；如果 o1 等于 o2，返回 0。

② boolean equals(Object obj)：如果 obj 也是一个比较器，则比较 obj 与此比较器是否相等，如果相等返回 true。

下面程序展示了比较器接口的用法：

```
//TestComparator.java
import java.util.*;
class MyComparator implements Comparator<Shape>{
```

```
    public int compare(Shape s1, Shape s2){
        double areaOne=s1.getArea();
        double areaTwo=s2.getArea();
        if(areaOne < areaTwo)
            return-1;
        else if(areaOne==areaTwo)
            return 0;
        else
            return 1;
        }
    }
    public class TestComparator {
        public static void main(String[] args) {
            TreeSet<Shape> treeSet=new TreeSet<Shape>(new MyComparator());
            treeSet.add(new Circle(20));
            treeSet.add(new Circle(10));
            treeSet.add(new Circle(20));
            treeSet.add(new Ranctangle(20, 30));
            treeSet.add(new Ranctangle(200, 30));
            System.out.println("排序后：");
            for(Shape s: treeSet){
            System.out.println(s.getArea());
        }
    }
}
```

23.2.3 List(线性表)

规则集中不能存储重复的元素，可以使用线性表来存储重复元素。另外，线性表还可以为元素指定存储位置，使用下标进行访问。常用的实现 List 接口的类有两个：ArrayList 和 LinkedList，它们都按照被插入的顺序保存元素，两者的不同在于执行某些操作时的性能不同。

(1) ArrayList(数组线性表)。ArrayList 采用数组来存储元素，但数组是动态创建的，当 ArrayList 中的元素个数超出了数组的容量时，就会创建一个更大的新数组把当前数组中的元素全部复制到这个新数组中，所以 ArrayList 在随机访问元素时效率很高。

(2) LinkedList(链式线性表)。LinkedList 使用链表来存储元素，所以 LinkedList 在添加删除元素时效率很高。

下面程序展示了 ArrayList 和 LinkedList 的用法：

```
//TestArrayListAndLinkedList.java
import java.util.*;
public class TestArrayListAndLinkedList {
    public static void main(String[] args) {
        ArrayList<String> arrayList=new ArrayList<String>();
```

```
            arrayList.add("hello");
            arrayList.add("java");
            arrayList.add("and");
            arrayList.add("internet");
            arrayList.add("of");
            arrayList.add("things");
            arrayList.add("hello");
            System.out.println(arrayList); //直接打印 Set
            LinkedList<String> linkedList=new LinkedList<String>();
            linkedList.add("hello");
            linkedList.add("java");
            linkedList.add("and");
            linkedList.add("internet");
            linkedList.add("of");
            linkedList.add("things");
            linkedList.add("hello");
            System.out.println(linkedList); //直接打印 Set
        }
    }
```

23.2.4　Queue(队列)

队列是一种先进先出的数据结构，在队头删除元素，在队尾添加元素。而在优先队列中，元素可以被赋予优先级，优先级高的元素首先被删除。

1. Deque(双端队列)和 LinkedList(链表)

Deque 是双端队列，支持在队列的两端添加和删除元素。而 LinkedList 实现了 Deque，可以使用 LinkedList 创建一个队列或双向队列。

Queue 接口中定义了如下方法来实现队列元素的访问。

(1) boolean add(E e)：将指定的元素插入此队列(如果立即可行且不会违反容量限制)，在成功时返回 true，如果当前没有可用的空间，则抛出 IllegalStateException。

(2) E element()：获取，但是不移除此队列的头。

(3) boolean offer(E e)：将指定的元素插入此队列(如果立即可行且不会违反容量限制)，当使用有容量限制的队列时，此方法通常要优于 add(E)，后者可能无法插入元素，而只是抛出一个异常。

(4) E peek()：获取但不移除此队列的头；如果此队列为空，则返回 null。

(5) E poll()：获取并移除此队列的头，如果此队列为空，则返回 null。

(6) E remove()：获取并移除此队列的头。

而 Deque 中增加了如下方法(只列出了部分方法)，以实现双端队列中元素的访问。

(1) void addFirst(E e)：将指定元素插入此双端队列的开头(如果可以直接这样做而不违反容量限制)。

(2) E removeFirst()：获取并移除此双端队列的第一个元素。

(3) void addLast(E e)：将指定元素插入此双端队列的末尾(如果可以直接这样做而不违反容量限制)。

(4) E removeLast()：获取并移除此双端队列的最后一个元素。

(5) E getFirst()：获取，但不移除此双端队列的第一个元素。

(6) E getLast()：获取，但不移除此双端队列的最后一个元素。

下面的程序展示了使用 LinkedList 创建队列和双向队列：

```
//TestQueueAndDeque.java
import java.util.*;
public class TestQueueAndDeque {
    public static void main(String[] args) {
        Queue<String> queue=new LinkedList<String>();
        queue.offer("hello");
        queue.offer("java");
        queue.offer("and");
        queue.offer("internet");
        queue.offer("of");
        queue.offer("things");
        queue.offer("hello");
        System.out.println("queue:"+queue);
        System.out.println("peek():"+queue.peek());
        System.out.println("after queue:"+queue);
        System.out.println("poll():"+queue.poll());
        System.out.println("after poll():"+queue);
        Deque<String> deque=new LinkedList<String>(queue);
        System.out.println("deque:"+deque);
        deque.addFirst("hello");
        deque.addLast("!");
        System.out.println("after addFirst() and addLast():"+deque);
        deque.removeFirst();
        deque.removeLast();
        System.out.println("after removeFirst() and removeLast():"+deque);
        System.out.println("getFirst():"+deque.getFirst());
        System.out.println("getLast():"+deque.getLast());
    }
}
```

2. PriorityQueue(优先队列)

PriorityQueue 类是一个优先队列，优先队列的元素按照其自然顺序进行排序，或者根据构造队列时提供的 Comparator 进行排序，具体取决于所使用的构造方法。优先队列不允许使用 null 元素。依靠自然顺序的优先队列还不允许插入不可比较的对象(这样做可能导致 ClassCastException 异常)。

此队列的头是按指定排序方式确定的最小元素。如果多个元素都是最小值，则头是其中一个元素——选择方法是任意的。队列获取操作 poll、remove、peek 和 element 访问处于队列头的元素。

下面程序展示了 PriorityQueue 的用法：

```
//TestPriorityQueue.java
import java.util.*;
class MyClass{
    int i;
    MyClass(int i){
        this.i=i;
    }
}
class MyClassComparator implements Comparator<MyClass>{
    public int compare(MyClass m1, MyClass m2){
        if(m1.i < m2.i)
            return -1;
        else if(m1.i==m2.i)
            return 0;
        else
            return 1;
        }
    }
    public class TestPriorityQueue {
        public static void main(String[] args) {
            PriorityQueue<String> priQueue1=new PriorityQueue<String>();
            priQueue1.add("hello");
            priQueue1.add("java");
            priQueue1.offer("and");
            priQueue1.offer("internet");
            priQueue1.offer("of");
            priQueue1.offer("things");
            priQueue1.offer("hello");
            System.out.println(priQueue1);
            PriorityQueue<MyClass> priQueue2 = new PriorityQueue<MyClass>(5,
            new MyClassComparator());
    //PriorityQueue<MyClass> priQueue2=new PriorityQueue<MyClass>();
        priQueue2.add(new MyClass(10));
        priQueue2.add(new MyClass(1));
        //priQueue2.add(new MyClass(-1));
        priQueue2.add(new MyClass(200));
        priQueue2.add(new MyClass(100));
        priQueue2.add(new MyClass(3));
        /**
         * 下面输出中，结果[1, 3, 200, 100, 10]反映的是堆的存储顺序，
```

```
 * 而非排序的顺序，PriorityQueue 是按照堆存储的。
 */
for(MyClass m: priQueue2){
    System.out.print(m.i+", ");
}
System.out.println();
/**
 * 堆是有序的，所以不用排序，当你把其作为队列，
 * 依次弹出时，才具有顺序
 */
MyClass m1;
while((m1=priQueue2.poll())!=null){
    System.out.print(m1.i+" ");
}
        }
    }
```

23.2.5 规则集和线性表的性能比较

三种常用的规则集(散列集、链式散列集和树形集)和两种常用的线性表(数组线性表和链式线性表)的性能如何呢?下面程序可以测试它们的性能:

```
//TestPerformance.java
import java.util.*;
public class TestPerformance {
    public static long timeConsuming(Collection<Integer> c, int size){
        long startTime=System.currentTimeMillis();
        ArrayList<Integer> list=new ArrayList<Integer>();
        for (int i=0; i < size; i++){
            list.add(i);
        }
        Collections.shuffle(list); //打乱 list
        for(Integer e: list){
            c.add(e); //把打乱后的 list 中元素添加到集合
        }
        Collections.shuffle(list); //再次打乱 list
        for(Integer e: list){
            c.remove(e); //删除集合中的元素
        }
        long endTime=System.currentTimeMillis();
        return endTime-startTime;
    }
    public static void main(String[] args) {
        HashSet<Integer> set1=new HashSet<Integer>();
```

```
            long time1=timeConsuming(set1, 10000);
            System.out.println("time1="+time1);
            LinkedHashSet<Integer> set2=new LinkedHashSet<Integer>();
            long time2=timeConsuming(set2, 10000);
            System.out.println("time2="+time2);
            TreeSet<Integer> set3=new TreeSet<Integer>();
            long time3=timeConsuming(set3, 10000);
            System.out.println("time3="+time3);
            ArrayList<Integer> set4=new ArrayList<Integer>();
            long time4=timeConsuming(set4, 10000);
            System.out.println("time4="+time4);
            LinkedList<Integer> set5=new LinkedList<Integer>();
            long time5=timeConsuming(set5, 10000);
            System.out.println("time5="+time5);
        }
    }
```

23.3 Map

Map 是一种按照键值来存储元素的容器，键值与 List 的下标相似，但 List 中的下标是整数，而键值可以是任意的数据类型的对象。键值不能重复，每个键值对应一个值，它们一一对应。有三种常用的具体类实现了 Map。

(1) HashMap。在 HashMap 中定位一个值，向其插入一个键值对以及删除一个键值对时非常高效。

(2) LinkedHashMap。使用链表扩展了 HashMap，HashMap 不支持排序，而 LinkedHashMap 增加了排序功能。使用 LinkedHashMap 构建 Map 时的构造方法不同，排序方式也不同。无参构造方法创建的 LinkedHashMap 对象是按照插入顺序对键值进行排序的，而有参构造方法 LinkedHashMap(int initialCapacity, float loadFactor, boolean accessOrder) 是按访问顺序对键值进行排序的。

(3) TreeMap。TreeMap 在遍历排序好的键值时非常高效。键值可以使用 Comparable 接口或 Comparator 接口进行排序，当然要选择不同的构造方法。

下面程序展示了三种 Map 的用法：

```
//TestMap.java
import java.util.*;
public class TestMap {
    public static void main(String[] args) {
        HashMap<String, Integer> hashMap=new HashMap<String, Integer>();
        hashMap.put("Java", 60);
        hashMap.put("C", 40);
        hashMap.put("C++", 50);
        hashMap.put("OS", 80);
```

```
            hashMap.put("Android", 70);
            hashMap.put("Objective-C", 65);
            System.out.println("HashMap:");
            System.out.println(hashMap);
            TreeMap<String, Integer> treeMap=new TreeMap<String, Integer>(hash-
            Map);
            System.out.println("TreeMap:");
            System.out.println(treeMap);
            LinkedHashMap<String, Integer> linkedHashMap=new LinkedHashMap<
            String, Integer>();
            linkedHashMap.put("Java", 60);
            linkedHashMap.put("C", 40);
            linkedHashMap.put("C++", 50);
            linkedHashMap.put("OS", 80);
            linkedHashMap.put("Android", 70);
            linkedHashMap.put("Objective-C", 65);
            System.out.println("LinkedHashMap:");
            System.out.println(linkedHashMap);
            System.out.println("The price of C:"+hashMap.get("C"));
        }
    }
```

23.4 本讲小结

本讲首先讲述了Java中的集合框架；而后详细讲解了规则集、线性表和队列，并给出了示例程序；最后简单介绍了Map的用法。

课后练习

1. 编写程序：读取文本文件，将其中不重复的单词按照升序显示。
2. 编写程序：读取任意一个Java源文件，计算该文件中的关键字个数。
3. 编写程序：读取任意一个文本文件，统计该文本文件中单词的出现频率。

第 24 讲　数据库操作

数据库指的是以一定方式储存在一起，能为多个用户共享，具有尽可能小的冗余度，与应用程序彼此独立的数据集合。对数据库中数据的增、删、改、查由统一的软件进行管理和控制。

常用的数据库软件有 Oracle、SQL Server、MySQL、DB2、Access、Sybase 等。本讲就以 MySQL 为例，讲解如何使用 Java 语言操作 MySQL 数据库。

24.1　JDBC

在 Java 语言中，JDBC(Java DataBase Connection)是应用程序与数据库沟通的桥梁，即 Java 语言通过 JDBC 技术访问数据库。

JDBC 是一种“开放”的方案，它为数据库应用开发人员、数据库前台工具开发人员提供了一种标准的应用程序设计接口，使开发人员可以用纯 Java 语言编写完整的数据库应用程序。

JDBC 是 Java 应用与数据库管理系统进行交互的标准 API，包括两个包：核心 API (java. sql)和扩展的 API(javax. sql)。应用程序通过核心 API 的接口实现数据库连接和数据处理，其主要接口如表 24.1 所示。

表 24.1　JDBC 核心 API 表

接口名称	功　能
java. sql. Driver	驱动程序，连接应用程序和数据库，用于读取数据库驱动器的信息，提供连接方法，建立访问数据库所用的 Connection 对象；在加载某一 Driver 类时，它应该创建自己的实例并向 DriverManager 注册该实例
java. sql. DriverManager	驱动程序管理器，管理一组 Driver 对象，对程序中用到的驱动程序进行管理，包括加载驱动程序、获得连接对象、向数据库发送信息；在调用 getConnection方法时，DriverManager 会试着从初始化时加载的那些驱动程序，以及使用与当前 applet 或应用程序相同的类加载器显式加载的那些驱动程序中，查找合适的驱动程序
java. sql. Connection	连接 Java 数据库和 Java 应用程序之间的主要对象并创建所有的 Statement 对象；不管对数据库进行什么样的操作，都需要创建一个连接，然后通过这个连接来完成操作

续表

接口名称	功　　能
java. sql. Statement	语句对象，代表了一个特定的容器，对一个特定的数据库执行 SQL 语句，用于执行静态 SQL 语句并返回它所生成结果的对象；在默认情况下，同一时间每个 Statement 对象只能打开一个 ResultSet 对象；因此，如果读取一个 ResultSet 对象与读取另一个交叉，则这两个对象必须是由不同的 Statement 对象生成的。如果存在某个语句的打开的当前 ResultSet 对象，则 Statement 接口中的所有执行方法都会隐式关闭它
PreparedStatement	表示预编译的 SQL 语句的对象，SQL 语句被预编译并存储在 PreparedStatement 对象中，然后可以使用此对象多次高效地执行该语句
java. sql. ResultSet	用于控制对一个特定语句的行数据的存取，也就是数据库中的记录或行组成的集合

24.2　结果集及常见方法

(1) 结果集有三种类型，它的类型决定了能否对结果集中的游标进行操作，以及并发的数据源的改变能否反映到结果集中。具体描述如表 24.2 所示。

表 24.2　三种结果集类型表

类　　型	描　　述
TYPE_FORWARD_ONLY	默认的结果集类型，这种类型的结果集对象的游标只能向前移动，从第一行的前面到最后一行的后面
TYPE_SCROLL_INSENSITIVE	这种类型的结果集对象的游标可以向前移动，也可以直接定位到某一行上，但是对结果集中对应数据的变化是不敏感的
TYPE_SCROLL_SENSITIVE	这种类型的结果集对象的游标可以向前移动，也可以直接定位到某一行上，并且对结果集中对应数据的变化是敏感的

(2) 结果集的并发性决定了结果集所支持的更新操作的层次，有两种并发性层次。具体描述如表 24.3 所示。

表 24.3　表示并发性的属性表

类　　型	描　　述
CONCUR_READ_ONLY	默认的结果集并发类型，这种情况下的结果集对象不支持更新操作
CONCUR_UPDATABLE	这种情况下的结果集对象支持更新操作

可以通过调用 DatabaseMetaData 的 supportsResultSetConcurrency 方法来看驱动是否支持结果集上的更新操作，该方法定义如下：

```
boolean supportsResultSetConcurrency(int type, int concurrency) throws SQLException
```

第一个参数表示结果集类型，第二个参数表示并发类型。

(3) 结果集的延续性是指当事务提交时，在当前事务中创建的结果集是否关闭。默认情况下会关闭这个结果集对象。延续性可以通过如表 24.4 所示的两个静态属性来指定

表 24.4　表示延续性的静态属性表

类　型	描　述
HOLD_CURSORS_OVER_COMMIT	提交事务时不关闭该结果集对象
CLOSE_CURSORS_AT_COMMIT	提交事务时关闭结果集对象，有时候会提高性能

(4) 结果集的类型、并发性和延续性可以通过 Connection.createStatement、Connection.prepareStatement 和 Connection.prepareCall 等方法指定，同时 Statement、PreparedStatement 和 CallableStatement接口也提供了相应的 setter 方法和 getter 方法。如下代码是创建语句对象的时候指定结果集的类型、并发性和延续性：

```
Connection conn=ds.getConnection(user, passwd);
Statement stmt=conn.createStatement(ResultSet.TYPE_SCROLL_INSENSITIVE,
                        ResultSet.CONCUR_READ_ONLY,
                        ResultSet.CLOSE_CURSORS_AT_COMMIT);
```

(5) 结果集常用的游标操作方法如表 24.5 所示。

表 24.5　游标操作方法列表

返回值	方法名	功能描述
boolean	next()	将游标从当前位置向前移一行，如果指向某行，返回 true，如果指向最后一行的后面，返回 false
boolean	previous()	将游标从当前位置向后移一行，如果指向某行，返回 true，如果指向第一行的前面，返回 false
boolean	first()	将游标移到此结果集的第一行
boolean	last()	将游标移到此结果集的最后一行
void	beforeFirst()	将游标移动到此结果集的开始处，正好位于第一行之前
void	afterLast()	将游标移动到此结果集的末尾，正好位于最后一行之后
boolean	relative(int rows)	按相对行数移动游标，如果参数为 0，游标无变化，如果参数是正的，游标向前移动 rows 行，如果 rows 太大，游标指向最后 1 条记录的后面，如果参数是负数，游标向后移动 rows 行，如果 rows 太小，游标指向第 1 条记录的前面，如果游标指向一个有效行，方法返回 true，否则返回 false
boolean	absolute(int row)	将游标移动到参数所指定的行

24.3　操作数据库步骤

一般来说，Java 应用程序访问数据库的步骤如下：

1. 装载数据库驱动程序

装载数据库驱动程序是把各个数据库提供的访问数据库的 API 加载到程序中，并将其注册到 DriverManager 中，每一种数据库提供的数据库驱动不一样。下面看一下一些主流数据库的 JDBC 驱动加载注册的代码。

```
//Oracle8/8i/9iO 数据库(thin 模式)：
Class.forName("oracle.jdbc.driver.OracleDriver").newInstance();
//Sql Server7.0/2000 数据库：
Class.forName("com.microsoft.jdbc.sqlserver.SQLServerDriver");
//Sql Server2005/2008 数据库：
Class.forName("com.microsoft.sqlserver.jdbc.SQLServerDriver");
//DB2 数据库
Class.froName("com.ibm.db2.jdbc.app.DB2Driver").newInstance();
//MySQL 数据库：
Class.forName("com.mysql.jdbc.Driver").newInstance();
```

2. 通过 JDBC 建立数据库连接

建立数据库之间的连接是访问数据库的必要条件，对于不同的数据库也是不一样的。下面看一下一些主流数据库建立数据库连接，取得 Connection 对象的不同方式。

```
//Oracle8/8i/9i 数据库(thin 模式)：
String url="jdbc:oracle:thin:@localhost:1521:orcl";
String user="scott";
String password="tiger";
Connection conn=DriverManager.getConnection(url, user, password);
//Sql Server7.0/2000/2005/2008 数据库：
String url="jdbc:microsoft:sqlserver://localhost:1433;DatabaseName=pubs";
String user="sa";
String password="";
Connection conn=DriverManager.getConnection(url, user, password);
//DB2 数据库：
String url="jdbc:db2://localhost:5000/sample";
String user="amdin"
String password=-"";
Connection conn=DriverManager.getConnection(url, user, password);
//MySQL 数据库：
String url ="jdbc:mysql://localhost:3306/testDB? user=root&password
        =root&useUnicode=true&characterEncoding=gb2312";
Connection conn=DriverManager.getConnection(url);
```

3. 访问数据库，执行 SQL 语句

数据库连接建立好之后，接下来就是一些准备工作和执行 SQL 语句了。准备工作要做的就是建立 Statement 对象和 PreparedStatement 对象，例如：

```
//建立 Statement 对象
Statement stmt=conn.createStatement();
//建立 PreparedStatement 对象
String sql="select * from user where userName=? and password=?";
PreparedStatement pstmt=Conn.prepareStatement(sql);
pstmt.setString(1, "admin");
pstmt.setString(2, "liubin");
```

做好准备工作之后就可以执行 SQL 语句了，例如：

```
String sql="select * from users";
ResultSet rs=stmt.executeQuery(sql);
//执行动态 SQL 查询
ResultSet rs=pstmt.executeQuery();
//执行 insert update delete 等语句，先定义 SQL
stmt.executeUpdate(sql);
```

4. 处理结果集

访问结果记录集 ResultSet 对象。例如：

```
while(rs.next)
{
    out.println("你的第一个字段内容为："+rs.getString("Name"));
    out.println("你的第二个字段内容为："+rs.getString(2));
}
```

5. 断开数据库连接

依次将 ResultSet、Statement、PreparedStatement、Connection 对象关闭，释放所占用的资源。例如：

```
rs.close();
stmt.clost();
pstmt.close();
con.close();
```

24.4 一个例子

以 MySQL 为例，讲解 Java 语言操作数据库的过程。

(1) 安装 MySQL。

(2) 创建数据库：

```
CREATE DATABASE Student;
```

(3) 建立表：

```
CREATE TABLE StuInfo(SNO CHAR(7) NOT NULL, SNAME VARCHAR(8) NOT NULL,);
```

(4) 下载 MySQL 驱动并导入 Eclipse。

(5) 对 StuInfo 进行增、删、改、查操作。

以下是一个具体的例子：

```
/*
增：insert into stuinfo values(2001001，zhangsan)；
删：delete from stuinfo where sname="zhangsan"
改：update stuinfo set sname="lisi"；
查：select * from stuinfo；
*/
import java.sql.*；
public class JDBCTest {
    public static void main(String[] args){
        //驱动程序名
        String driver="com.mysql.jdbc.Driver"；
        //URL 指向要访问的数据库名 Student
        String url="jdbc：mysql：//127.0.0.1：3307/Student"；
        //MySQL 配置时的用户名
        String user="root"；
        //MySQL 配置时的密码
        String password="123456"；
        String sql；
        try {
            //加载驱动程序
            Class.forName(driver)；
            //连续数据库
        Connection conn=DriverManager.getConnection(url，user，password)；
            if(! conn.isClosed())
                System.out.println("Succeeded connecting to the Database!")；
            //statement 用来执行 SQL 语句
            //插入数据
            Statement statement=conn.createStatement()；
            sql="insert into stuinfo1 values('2001001'，'zhangsan')"；
            statement.executeUpdate(sql)；
            //查询数据
            sql="select * from stuinfo1"；
            //结果集
            ResultSet rs=statement.executeQuery(sql)；
            System.out.println("-----------------")；
            System.out.println("执行结果如下所示：")；
            System.out.println("-----------------")；
            System.out.println(" 学号"+"\t"+" 姓名")；
            System.out.println("-----------------")；
            String name=null；
```

```
            while(rs.next()) {
                System.out.println("start...");
                //选择 sname 这列数据
                name=rs.getString("sname");
                /* 首先使用 ISO-8859-1 字符集将 name 解码为字节序列并将结果存储
                新的字节数组中
                然后使用 GB2312 字符集解码指定的字节数组
                 */
                name=new String(name.getBytes("ISO-8859-1"), "GB2312");
                //输出结果
                System.out.println(rs.getString("sno")+"\t"+name);
            }
            rs.close();
            conn.close();
        } catch(ClassNotFoundException e) {
            System.out.println("Sorry, can't find the Driver!");
            e.printStackTrace();
        } catch(SQLException e) {
            e.printStackTrace();
        } catch(Exception e) {
            e.printStackTrace();
        }
    }
}
```

24.5　本讲小结

本讲主要介绍了使用 Java 的 JDBC 连接数据库的过程，并给出了一个例子，实现数据库中数据的增、删、改、查操作。

课后练习

1. 编写一个学生管理系统：数据库选用 MySQL，建立相应的表后，填充相应的数据，使用 Swing 中的组件进行界面开发，并连接数据库，能够实现学生数据的增、删、改、查操作。

参 考 文 献

[1] 耿祥义，张跃平. Java 2 实用教程. 4 版. 北京：清华大学出版社，2012.

[2] Bruce Eckel. Java 编程思想. 4 版. 北京：机械工业出版社，2010.

[3] Y. Daniel Liang. Java 语言程序设计：基础篇. 北京：机械工业出版社，2015.

[4] Y. Daniel Liang. Java 语言程序设计：进阶篇. 北京：机械工业出版社，2016.